サンデンＳＴＱＭ挑戦物語

監修のことば

歴史は、私たちに明日をどう生きるべきかを示してくれる智慧の宝庫だといわれます。先人の歩んだ道には、どんな苦難があり、どう乗り越えてきたのか。その歴史を知ることの大切さは、企業経営にとっても変わることはありません。

サンデン株式会社は、今から6年前、創立70周年を迎えました。サンデンの歴史は大きく分けて三つの時期に区分できます。

第一期は、創立の1943年から1978年に至る35年間です。この時期は、創業者で私の父・牛久保海平が主導した時代で、群馬県の小さな電気製品メーカーとして出発し、東証第一部の上場会社にまで成長した時期でした。

第二期は、米国ミッチェル社から全世界販売権を獲得したSDコンプレッサーを中心にグローバルに事業を展開した1978年から創立70周年（2013年）に至るまでの35年間です。この時期、サンデンは自動車機器だけでなく自動販売機や冷凍・冷蔵ショーケースなど食品・流通部門を含めた「総合力」によって、グローバル企業に発展することができました。そして第三期は、ホールディング会社を設立し、その傘下に事業別子会社を設立した２０１５年以降です。

サンデンでは、創立７０周年に当たって、経営の根幹をなす三つのキーワード「品質・グローバル・環境」に即して、多くの先輩社員が何を思い、何を目指して働いてきたか、その足跡をまとめて、いずれも「物語」というタイトルのもとに出版する企画を立てました。この本は、そのうちの「品質」編です。多くのＯＢ社員や指導の先生方に取材し、とりまとめは品質担当の役員の藤井暢純さんにお願いしました。その上で、最終的な構成・執筆はジャーナリストの山口哲男さんにお願いし、私が全体の監修を行いました。

サンデンの社史の全体の流れについては、すでに『会社の「品質」～私が目指したグローバル・エクセレント・カンパニーズ』で詳しく述べてありますが、この本は、あくまで品質活動にテーマを絞ったものです。

サンデンは、１９９８年にデミング賞実施賞を受賞し、２００８年にはその後の品質への取り組みも含めて評価されて、私がデミング賞本賞を受賞しました。現場の社員たちがベクトルを合わせてＳＴＱＭにとり組み、デミング賞に挑戦していく過程が、この本ではＯＢ社員たちの証言を通して描かれています。

ＳＴＱＭは、基本的に「人が品質をつくりこむ」という考え方に立ち、マネジメントの質を上げながら会社全体で仕事の品質をつくりこんでいく活動です。大変な努力と根気が必要になりますが、当時は全社全部門がベクトルを合わせて取り組んでくれました。この品質活動に今ふたたび力を入れることができれば、新しいチャンスが生まれ、ブレイク・スルーが生まれる――私は、そう信じています。

この本が、サンデン本体の品質活動の見直しの一助となり、ＳＴＱＭの再活性化に役立てば幸いです。また、取材にご協力いただいた多くのＯＢ社員や外部の有識者の方々に改めて御礼申し上げます。

２０１９年１０月３０日

サンデン株式会社元会長　牛久保　雅美

取材協力をいただいたOB社員（敬称略）

大島岩男、鈴木北吉、蝶野光昭、深澤行雄、藤井暢純、森猛、柳沢三千代、山田輝夫

取材協力をいただいた指導講師（敬称略）

下山功、下山田薫

取材協力をいただいた有識者

秋月影雄　早稲田大学名誉教授

久米均　東京大学名誉教授

構成・執筆者まえがき

サンデン株式会社から、会社の沿革を「品質」という観点から編纂してみたいと協力を求められたのは、今から5年前のことでした。サンデンの「品質経営」の大筋については牛久保雅美元会長や和田正雄元専務からレクチャーを受け、細部については品質担当役員だった藤井暢純さんと共にOB社員や外部有識者に取材して構成したのが、この本です。

この取材で強烈な印象をうけたのは、サンデンのTQMでは、取締役会も改善活動に取り組んだことです。私は長年、「QCサークル」誌で現場のQCや改善に取り組む企業経営者の取材をしてきた経験がありますが、取締役会がTQM活動をするという企業に出会ったのは初めてでした。それだけに、STQM活動で培われた企業内遺伝子が、今後の時代変化に対応してどう生かされていくのか。今後のサンデンの歩みは、私にとってももはや人ごとではないという思いでいっぱいです。

なお、本書で登場していただいたOB社員の方々は、本文中は失礼ながら敬称略で紹介しています。そのことをご諒解いただいたうえでご一読いただければ幸いです。

構成・執筆　山口　哲男

目次

第5章　ＳＴＱＭ活動の体系化

第6章　デミング賞への挑戦

第7章　ＳＴＱＭの水平展開とステップアップ …… 133

第1章

開発力に追いつかなかった品質管理

式年遷宮とSTQMの相似性

自動車用空調機器や食品・流通機器をつくるサンデン株式会社は、2013年、創立70周年を迎えたが、この年は伊勢神宮が20年に1度行う式年遷宮と重なった。

式年遷宮は、内宮・外宮の正殿を造り替え、14の別宮の社殿・門・板垣のほか鳥居や宇治橋なども一新したのち、新宮に御神体をお遷しするという神事で、その歴史は1300年に及ぶ。これにともない、新宮に納める武具や楽器などの「神宝」のほか正殿の壁に張りめぐらせる帳などの「装束」など、儀式に使う700種以上1500点を超える品々もすべて新調される。

この神事によって、伊勢神宮は廃墟と化したり、風化したりすることもなく、常に若々しい姿を保っている。そこに流れているのは、祖型を保ちながら変化を促進することで、いつも瑞々しいエネルギーに満ちた状態を具現できるとする常若（とこわか）の思想だという（神宮司庁広報室長・河合真如『常若の思想』より）。

式年遷宮の中心的な儀式は、御神体を新正殿に移す「遷御の儀」だ。内宮と外宮で日取りが違うが、62回目となる内宮の「遷御の儀」は、10月2日夜、秋篠宮様、安倍晋三首相ほか政財界関係者3000人が参列するなかで厳かに執り行われた。サンデンからは高橋秀明東海支社長（当時）が、牛久保雅美元会長の名代として参列した。

「遷御の儀」は、参道の常夜灯や高張り提灯がすべて消され、内宮の杜が漆黒の闇（浄闇）に覆われるなかで行われる。午後8時、天皇の勅使の合図により、「出御」の列が動き出す。松明と提灯の灯を頼りに、絹垣（きぬがい）と呼ばれる白い絹の布で覆われた御神体の八咫鏡を正殿に隣接して造営された新宮に移すのだ。雅楽が流れるなか、玉砂利をきしませながら進む神職ら奉仕員の足音が暗闇の杜に響く。3000人の参列者たちは、出御の列が前を通り過ぎるとき、静かに頭を下げ、柏手を打つ。

こうした厳粛な儀式の数々で構成される式年遷宮は、日本のモノづくりのあり方にも一つのヒントを示している。たとえば社殿を20年ごと造り替えるのは、建物の寿命のためではない。考えられるのは、技術の伝承である。かつて人生が50年だった時代、宮大工なら20代に新宮造営の現場を経験し、20年後の40代にはその経験を生かして頭領として差配する。技術の伝承と人材育成の両面から、これはきわめて合理的なシステムである。神宝・装束の新調ができるのも、染織、鍛刀、金工、彫玉、漆工など伝統工芸の職人たちが営々と技術を継承してきたからこそであろう。

つまり、式年遷宮は、伝統の技術を確実に受け継ぎ、伊勢神宮を「常若」という理想の状態に保つための神事であり、仕組みなのだ。企業経営に準えれば、会社全体を常に若々しいエネルギーに満ちた状態に導くためのコトづくりである。伊勢の職人たちも、この仕組みのなかで互いに切磋琢磨し、自らの誇りをかけてモノづくりに挑んできたのだ

よく森羅万象を表す言葉として物事（モノゴト）という言葉が使われるが、企業活動に即していえば、モノは形のある存在物＝生産設備・生産物・商品などを指す。

コトは形のないもので、語源的に「言」と「事」の二つの系統がある。「言」は言葉で伝えるもの、たとえば経営者の熱く語る言葉や価値観、経営理念、目標、夢、志などを指す。いっぽうの「事」は、その「言」を実現するための仕組み、仕掛け、システム、組織、活動、経営環境などを指す。つまり、よきコト（言・事）づくりに導かれて、よきモノづくりが生まれるという構造だ。

コトづくりについては、経済同友会が2011年6月、「世界でビジネスに勝つ『もの・ことづくり』を目指して～マーケットから見た『モノ・コトづくり』の実践」という提言を発表して注目された。この提言では、コトづくりを「多様化するグローバルマーケットでの、徹底したマーケット側からの視点によるビジネスづくり」と定義している。ともすれば製造業者視点に陥りがちの日本のモノづくりを見直し、マーケットからの視点でモノづくり・品質づくり・ビジネスづくり（シナリオ・戦略・企画・デザイン・サービス）

を目指そうというのである。多分に、中国やインド、アセアン諸国など新興国が市場としても比重を増してきたことを意識した提言になっている。

しかし、マーケット（顧客）の視点からのモノづくりということなら、格別に目新しい概念とはいえない。サンデンのようなＢ２Ｂで生きるメーカーは、顧客ニーズに応えるモノづくりをまさに企業存立の生命線と見なし、品質づくりも顧客仕様の厳しい性能テストをクリアするため、徹底して品質向上に取り組んできた歴史があるからだ。

コトづくりとは、そうした商品づくりやサービス開発の問題ではなく、その企業の社員一人ひとりがもつ潜在的な能力とエネルギーを引き出し、大きな夢や目標に向かってベクトルを合わせて挑戦していけるような全社的な仕組み、と考えるほうがオーソドックスである。つまり、伊勢神宮の式年遷宮とどこか相通じるような、社員のすべてが心を燃やせるような全社的取り組みの仕組みづくりこそが、コトづくりの本質なのである。

では、サンデンの場合、そのコトづくりにあたるような仕組み・仕掛けとは何だろうか。誤解を恐れずにいえば、それは「ＳＴＱＭ」をおいてほかにはない。サンデンは１９８９年に「サンデングループは、社員一人ひとりの活力を結集し、世界中のお客様、株主、社会等に貢献して、繁栄する企業群となるグローバル・エクセレント・カンパニーズをめざす」という長期ビジョンを発表した。そして、その実現のためのプロセスを模索した結果、

1994年に、それまで取り組んでいたTQCにサンデン独自の解釈と手法を加えた「STQM」の全社的な導入を宣言。その導入宣言ではSTQMを「個々のマネジメント品質、及び結果品質を徹底的に向上させて、21世紀に繁栄する会社を創り上げるため、毎日の創造改革努力を積み重ねる行動である」と定義している。

以来、サンデンは営業部門もふくめた全部門で、さらには国内の主要グループ会社、海外の主要現地法人でもSTQM活動を推進。1998年年には「デミング賞」を受賞し、2007年には牛久保雅美会長がデミング賞本賞を受賞した。また、国内子会社や海外現地法人でもデミング賞を受賞する会社が相次いだ。海外現地法人をふくめて国内外のサンデングループ企業の小集団チームの代表が一堂に会するSTQM世界大会も、これまでに8回開催してきた。

図―1はサンデンの歩むべき道=理念を体系化したものだ。創業の精神から社是、企業理念、ビジョンにいたるまでは、コトづくりという場合の「言」に相当する精神的なバックボーンである。これを実現するためにTQCやTPM、ISOなどさまざまな手段・方法を包括し、体系化したのがSTQM活動だ。「言」と「事」を備えたコトづくりの典型ではないだろうか。

STQM活動は、2014年、導入宣言から20年目の年を迎えた。伊勢の式年遷宮に準えるなら、20年に1度の「祖型を残しながらも、すべてを新しく」見直す年といえるかもしれない。もっとも、TQCを導く第一歩となったQC指導会を開始したのは1986年だから、そこから起算すれば28年の歴史を刻んだことになる。どちらにしてもSTQM活動の本来の意義を再確認すべき時期にあること間違いない。

そこで、そもそもサンデンは、どんな品質問題に直面して改善活動に取り組み、どのような経緯を経てSTQMに発展し、デミング賞に挑戦するまでに至ったのか、また受賞後は何をめざしてSTQMを推進したのか。その経緯ついて当時を知るOB社員や外部講師に聞き取りし、サンデンの沿革を「品質」という側面から時系列的にまとめようとしたのが、この本である。

その第1章と第2章は、STQMの導入前までの

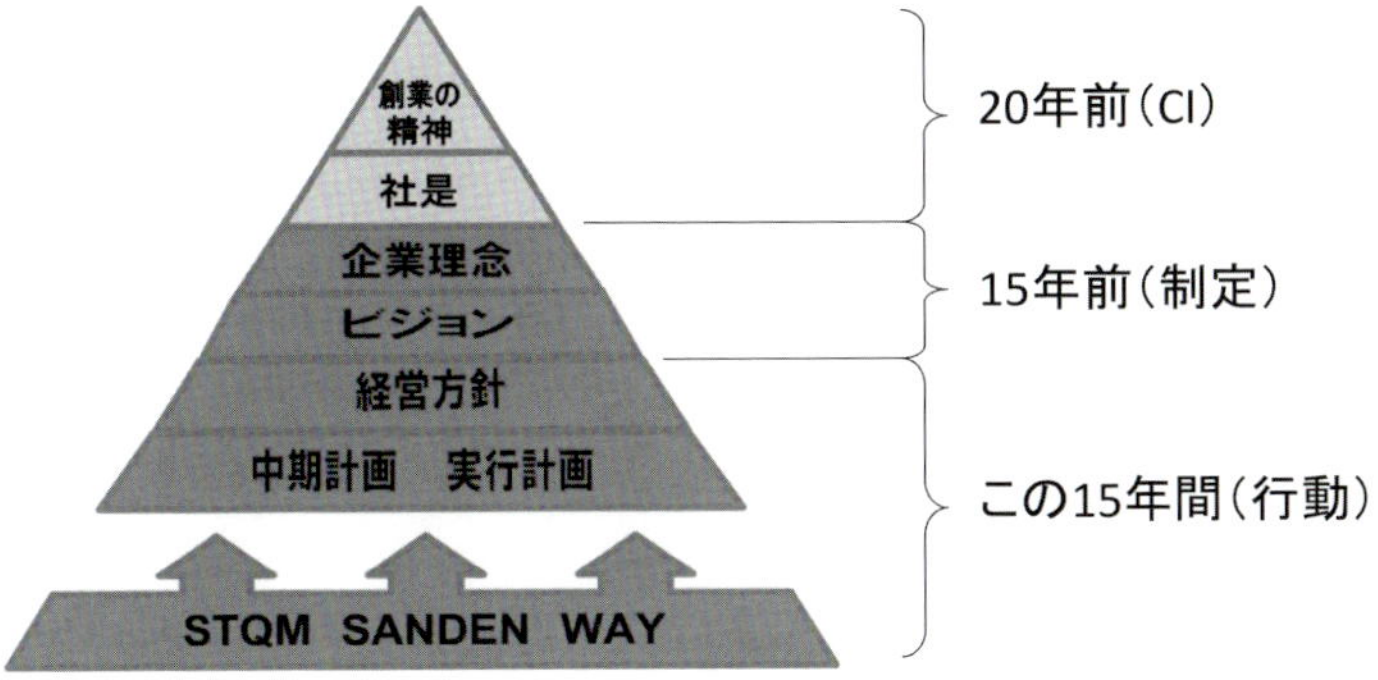

図−1　理念体系

プレヒストリーである。

1970年代前半までのサンデンは、自転車用発電ランプ、家電製品、オイルヒーターなどのヒット製品を次々に開発し、販売していた完成品メーカーだった。しかし、その時代は、品質トラブルが多発していたことも事実である。発電ランプやオイルヒーターでJISの指定工場を受けた直後は、標準化が進み、品質トラブルも減少するが、しばらくすると管理者レベルから気が緩み、市場不良が多発する。開発力は優れていても、品質力で後れを取る。そんな会社の体質を改善しようとTQC（総合的品質管理）の導入を模索し、ついに経営トップを動かし、久米均東大教授によるQC指導会を実現させた社員がいた。このプレヒストリーは、この社員、後にSTQM活動を牽引した和田正雄元専務取締役の記憶を中心に構成した。

第3章と第4章は、TQCを導入して開発部門では蝶野光昭先生の指導が始まり、設計品質改善手法などを学んだ。品質問題を設計段階から抑えるための指導である。また製造部門でQCサークル活動を復活させたほか、コマツの下山田薫講師による旗管理の導入、秋月影雄早大教授や下山功講師と中野金次郎講師の指導で製造現場でTPM活動の導入などが行われた。良いと思われる手法については、貪欲に導入していったのがこの時期の特徴だった。

第5章は、これまでさまざまに導入した品質改善手法を体系化してサンデン独自のSTQM活動として体系化する過程をたどったものだ。ユニークなのは、STQMには役員・管理職も組織横断的に小集団活動を導入し、実績を積んでいったことである。そこにはトップリーダーの強い意志が感じられる。

第6章は、デミング賞に挑戦宣言を出し、実際に受賞するまでの各部門の活動内容を詳しくトレースしたものだ。注目されるのは、この時期にはすでに「グローバル展開にともなう品質保証をどうするか」という問題意識が、しっかり根づいていることである。

そして最終章の第7章では、デミング賞実施賞受賞の際に指摘された問題点は何だったか。その問題点を克服するために始めた「STEP－2」活動の内容、国内子会社へのSTQMの波及効果、海外法人のデミング賞挑戦など、STQMの水平展開の経過をまとめてある。

サンデンは、経営の柱としてグローバル、品質、環境の3つを位置づけている。このうち品質について、その重要性が時系列的なパースペクティブのなかで理解できるように構成したつもりだが、果たして成功しているかどうか、読者の判断を待ちたい。

STQM導入以前のサンデンのモノづくり

（1）自転車用発電ランプの時代

STQM活動の歴史を振り返るとき、その立ち上げからデミング賞挑戦にいたるまでキーマンとして奮闘したOB社員や外部コンサルタントの存在を見逃すことはできない。OB社員では、何といっても和田正雄・元専務取締役の存在が大きい。いまは80歳を超えた和田だが、元気に第二の人生を楽しんでいる。町内会の役員をしたり、趣味の水泳をしたりと、悠々自適の毎日だ。

和田が地元群馬大学の工学部電気工学科を卒業し、サンデンに入社したのは1954年（昭和29年）。すでに自転車用発電ランプで業界トップの地位を確立していたサンデンだったが、大卒新入社員の定期採用は前年に始めたばかりで、和田はまだ数少ない大卒新入社員の一人だった。入社後は寿工場で発電ランプの製造に携わり、その後、品質管理を担当するようになった。そこからSTQMの立ち上げに至る長い道を歩むようになる。その道のりは、「抵抗勢力との長い闘いの連続だった」というのが和田の述懐だ。

サンデンの品質に対する取り組みで、和田がいまも忘れられない苦い思い出がある。サンデンがポット式ストーブを発売したときにＪＩＳ取得工場になる以前と、以後とでは会社の品質に対する構え方に雲泥の差が生じたことだ。和田によれば、これを境にサンデンの品質管理状況は坂道を転がるように低下していったという。

どうしてそうなったのか。それを理解するには戦後のサンデンの歴史を理解しておかなければならない。和田は、「ずいぶん昔のことなので、記憶に間違いがあるかも知れない」と前置きして、まず１９５０年代の自転車用発電ランプの時代から話してくれた。

「最初に発電ランプの時代があった。この時期、生産担当責任者の牛久保誉夫常務取締役と大島岩雄検査部長という二大人物がサンデンの品質管理をやっていた。それには、すばらしい特徴があった。それは何かというと寿命テスト。当時は信頼性テストとはいわなかった。毎日製品を抜き取って連続試験にかけた。ＳＱＣ（統計的品質管理）をいち早く導入してやっていた。こういうのをやっている会社は少なかった。この地域では有名だったんだよね。だけど非常に面白いところがあって、常に営業が文句をいっていた。それは外観が悪いんだ。寿命に重点をおいているから。

和田 正雄氏
1954年4月に入社し、1990年から工場経営　第一本部長。1991年から専務取締役を最後に1997年6月退社。

牛久保誉夫常務取締役（当時）
創業者牛久保海平の三番目の弟、前橋中学から早稲田高工（旧制）に進み、日本電気、松下電器研究所を経て、戦後直ぐに三共電器に入社、生涯を通じ技術開発を牽引した。副社長を経て、1983年に71歳で逝去。

大島 岩男氏
1950年に入社し、1977年から八斗島事業所の工場長、専務取締役を経て、1995年に退社。

つまり、寿命に関わる重欠点は非常によく管理する。でも、微欠点については、傷ぐらいは平気だという感じだから、営業が文句いう。たとえばランプをパカッと開けると、ランプの裏側が見える。うちのは銅メッキしているだけで、色が汚い。他の会社のものは薄い色が塗ってあって、きれいにしてある。うちは非実用的なところは絶対にカネを遣わない。そういうわけで、いつも営業と製造責任者が大激論をやっていた。ただ重欠点は見逃さないという点で、この時期の品質管理は素晴らしかった」

和田のいう自転車用発電ランプの量産が始まったのは、１９４８年（昭和２３年）３月からである。売れ行きは絶好調で、生産が追いつかないほどだった。このため、同年１１月、寿事業所にランプ組立工場を新築した。組み立て工程には当時としては斬新なベルトコンベアを採用。敷地内には鋼型工場、メッキ工場もつくって、月産４０００個の生産体制を敷いた。その効果もあって、サンデンはいちやく発電ランプのトップ企業に躍り出る。

社史『サンデン技術４０年の歩み』によれば、このランプ組立工場が、１９５２年（昭和２７年）にＪＩＳの認可工場となったのを機に、品質管理（ＱＣ）も導入されたと記されている。品質管理といっても、最初は製品を検査するだけの検査主体の品質管理だったが、和田の入社した頃には作業標準による品質管理を追究し、製品の抜取検査専任者を置いて不良品解析を行うなど、当時としては先進的な検査管理を行った。

ところが、ＪＩＳの認可工場として認定されながら、サンデンの生産担当責任者の牛久保誉夫常務（当時）がＪＩＳではなく独自の規格で発電ランプをつくってしまうという事態が生じた。その経緯を、和田はこう述べている。

「それは私が入社する前だったと思う。戦後のサンデンのモノづくりを背負ってきた牛久保誉夫さんは、研究熱心で勉強家だった。ＪＩS規格では6ボルト、８ワットという表示だった。ほとんどがこの規格だった。ところがサンデンは、ＪＩS認可工場でありながら、７・２ボルトのランプを開発した。当時、旭（アサヒ）電気製作所が電球を一貫してつくっていた。そこの社長が、誉夫さんと親友の仲だった。この二人の合作でできたのが、寿命が長くて、明るい電圧はなんだろうかと実験したらしいんだ。その結果、フィラメントと発光技術で7・2ボルトが一番いいというデータが出た。それで世のためだということで、サンデンはＪＩＳ規格にない7・2ボルトのランプをつくってガンガン売ったわけだ。それで、通産省からサンデンにはとんでもない役員がいると目を付けられてしまったんだ」

（2）家電製品時代

ＪＩＳ規格ではない発電ランプは、それでもよく売れて、サンデンの経営基盤確立に貢献した。その余勢を駆って、昭和30年代、サンデンが次に開発し、市場に送り出したのが家電製品であり、冷凍・冷蔵ショーケースやバイク・モーターだった。これらは、技術的にも品質的にも、自転車用発電ランプよりも管理ポイントの多い商品であり、品質管理体制の充実やアフターサービス体制の確立が必要になるが、和田はこの時代の品質管理について、手厳しい見方を示している。

「家電時代に入って、冷蔵庫や洗濯機をつくった。そうなると経営がでかくなる。どういうことが起きたかというと、近所に溶接とかプレスで折り曲げるとか、結構、サンデン製品の重要な部品をつくっていた大手の鉄工会社があった。ところが、納期が間に合わなくて、トラブルになることが多かった。検査員が問題を発見して、不合格とやると、そこの会社の経営者が身のこなしがうまくて、サンデンの生産担当責任者のところに話をもっていくんだ。『こんなものでいいでしょう。これを廃棄すれば何万円もしますよ』ともちかける。すると、うちの生産担当役員は経営の広い立場に立ってしまう。もちろん、重欠点ではなく、軽欠点ないし微欠点でしたけど、大変気前よく譲歩しちゃうんだな。

そういう特採、特別採用が乱発されると検査員は仕事にならない。特採が頻発すると、話が広がって、その鉄工会社だけでなくほかにも広がっていく。そういうことがサンデンの品質を甘くしちゃうんだよ。簡単にいえば、品質管理がルーズになり、あんなにいっぱい不良品が出た。品質というものは、どんな些細なことでも規格を守る、決められたことを守ることが命なんだ。その頃は、私自身もその意味をよく知らなかったと思う」

この家電商品を次々に開発・販売した昭和30年代を、和田とは別の見方から、品質管理が深化した時代とする資料もある。前出の社史『サンデンの技術40年の歩み』がそれだ。ここには、牛久保誉大常務（当時）の英断として、1959年（昭和34年）、全営業所にアフターサービス部門を設置し、生産現場からも技術者や技能者を派遣するサービス体制を構築したことが特筆してある。

さらに翌1960年には、消費者志向を意識して初めて技術管理部のなかに品質管理課を創設し、検査中心の品質管理からの脱皮を図ったこと。さらに各工場の工場長と協力会社の社長を対象とした「現場監督者のための品質管理講座」を開催したことや、1962年にはサンデンが東京証券取引所第二部に上場したのを機に行った組織変更で、技術本部のなかに品質管理部をつくったこと、などが記されている。

しかし、この時期、不良が多発したことも事実だったようで、前出の社史も〈品質管理課は、四つの係から成り立っていた。この組織変更で目につくものは、品質監査係と不良対策係である。品質監査の思想が組織に反映されたことが伺える反面、不良対策係の名称からも明らかなように、いかに品質問題が多かったかということである〉と述べている。

不良が多発したことに加えて、大手家電に比べて販売ルートが確立しなかったという問題もあって、サンデンは昭和30年代の終わりまでに家電製品から撤退。バイク・エンジンや「モペットコリー号」の愛称で販売した小型バイクも製造を中止した。

（3）オイルヒーターのＪＩＳ指定工場受審を機に標準化運動

家電製品の失敗で経営的には危機的状況に陥るなか、昭和４０年代、サンデンの救世主の役割を担った商品が、ポット式燃焼バーナーの開発によるオイルヒーターだった。１９６３年（昭和３８年）に発売し、寒冷地、とくに北海道地区では従来の石炭ストーブや薪ストーブに替わる便利な石油ストーブとして爆発的なヒット商品となった。

オイルヒーターはポット式バーナーという新しい燃焼方式なのでＪＩＳ規格がなかった。そこで新しいＪＩＳ規格ができ、サンデンも１９６７年（昭和４２年）にＪＩＳ工場の指定を受けるため受審することになった。それにともなって推進したのが標準化だった。この頃を回想して、和田はこう話している。

「家電から撤退し、発電ランプはあったんだけど、大変な時代になった。そこを抜け出そうと、出したのがポット式石油ストーブ。北海道では居間を温めるには石炭か薪ストーブでガンガンやるのが主流だった。で、冬が終わるとみんな燃やした灰だの、ススだのを道にぱっと捨てるから､道がグチャグチャ。そこにポット式石油ストーブを売りに行ったの。サンポットが先にやっていて、サンデンは後発なんだよ。それが飛ぶように売れた。

売れたのは良かったんだけど、問題が起こった。それはＪＩＳ規格が制定されていなかったんだよ。ポット式石油ストーブのＪＩＳ規格ができることになった。ここで登場するのが日本燃焼器具検査協会の交渉を担当していた特許課長の平野欽一。ストーブは、日燃研のマークを付けて売らなければならない。ストーブを生産すると、日燃研にロットをいくらつくると決まると、その頭出しをもっていくわけだ。それで合格証をもらうんだよね。ストーブは火事になるという概念が昔からあるから、この制度はみんな守った。その平野にいわせると、サンデンはだめだ、あの製造担当責任者がいるのでは、と通産省から聞いているというんだ。ポット式石油ストーブはランプと違う。甘くはないと。製造担当責任者が謝って、心を改めましたといわなければ、サンデンなんか面倒を見ないというんだ。それで日燃検から牛久保誉夫さんが呼び出され、ガンとやられたわけ。あんた、やる気がないならやめてくれないかといわれた。これが原点だった。ＴＱＣらしきもののスタートはここからだ。これをいいたかった」

和田によると、ＪＩＳ工場の認可を受けるために、サンデン経営陣は通産省との関係を修復し、１９６７年（昭和４２年）５月には、牛久保海平社長が「標準化宣言」を発表した。日燃検の指導の下に、ＪＩＳ規格に違反しないように工程規格を作成し、それを全社で守っていく「標準化運動」を開始したのである。そして首尾よく、同年７月、サンデン本社工場はＪＩＳ認可工場の認可を得ることができた。

それからのサンデンは、経営トップが率先して規格を守る姿勢を示すことで、品質管理が行き届き、生産担当責任者による特採もなくなった。その間、QCサークル活動も導入され、1971年（昭和46年）には、日科技連のQCサークル全国大会で活動成果を発表するサークルも出るほど、活発になった。

こうした一連の取り組みが評価され、1973年（昭和48年）には、東京通産局から品質管理の運用に優れた実績を残した企業として局長賞を授与されている。和田はトップが先頭に立って規格を守るという全社的活動の重要性を、改めて思い知らされたという。

しかし、局長賞を受賞したあたりから、標準化運動で高まった規格を守る意識が音を立てて崩れていった、というのが和田の見解だ。

そこで昭和40年代後半から昭和50年代のサンデンのモノづくりの歩みを見みると、まず自動車用機器では、1971年（昭和46年）にアメリカのミッチェル社と技術提携して開発したカークーラー用コンプレッサーの生産を開始し、1973年（昭和48年）にはコンプレッサー専用の八斗島工場が新設され、量産体制が敷かれた。翌74年には、ミッチェル社からコンプレッサーの世界全域での販売権を譲渡され、アメリカとシンガポールに海外拠点を築いて、グローバル展開を開始している。

いっぽうの寿事業所（本社工場）では、自動販売機、冷凍冷蔵ショーケース、オイルヒーターをはじめとする燃焼機器など、多様な製品づくりが行われた。とくに自動販売機は、１９６２年（昭和３７年）に噴水式ジュース自販機を開発して以来、独自開発にこだわり、１９６６年（昭和４１年）にビンの牛乳自動販売機を開発した。以後、ワンカップのお酒、ビール、カップ麺、缶入りコーヒーと食品・飲料メーカーの要望に応えて次々に自販機を開発。さらに１９７２年（昭和４７年）には夏と冬で切り替えるホット・オア・コールド機を開発。１９７６年（昭和５１年）には、１台の自販機で暖かい飲料と冷たい飲料を同時に提供できるホット・アンド・コールド機を開発した。これにより、夏場商品だった自販機は、完全にオールシーズンに切り替わったという画期的な商品だった。

これだけめざましい開発を続けた自販機だが、マイコン制御の電子技術が日進月歩で進化したことや、想定外の設置環境や使用状況もあり、工程内ばかりか出荷後の市場トラブルも絶えなかった。

ポット式バーナーの開発によるオイルヒーターに始まった燃焼機は、その後、ＦＦ式（強制給排気式）石油暖房機、石油ガス化暖房機、温水ボ

HOT or COLD自動販売機

イラー、石油風呂釜、太陽熱温水器など新しい技術を取り入れた商品を開発して販売した。しかし、新規開発を先行させた負の部分として不良が多発し、その全数修理を行うなど対応に追われることになった。

そんななか、1973年（昭和48年）にカークーラー用コンプレッサーのための八斗島工場が新設され、コンプレッサーの量産体制が固められた。このとき、八斗島工場にはカークーラー品質保証課とコンプレッサー品質保証課の二つの課をもつ品質保証部が誕生し、材料・部品の受け入れから国内外の自動車会社に対応できる体制を整えた。これに対し、オイルヒーター、自動販売機、冷蔵ショーケースなどを生産する寿事業所では、生産する製品も多様で、不良が多発してその対応に追われ、品質保証の部署も事業分野に付属させたり、横断的な組織としたりで、一定しなかった。

和田は1975年（昭和50年）にサービス部門に異動になった。現場の品質管理から離れて、顧客のところに駆けつけて故障を修理するという保守・サービス部門の部長に転出したのだ。そこでうんざりするほど市場不良と向き合い、ふたたび寿事業所の製造部門に戻ってきたのは、その10年後のことである。そこから和田のSTQM活動立ち上げにいたる奮闘が始まるのだが、その経過は次章で見ていくことにする。

第2章

STQM活動への胎動期

頻発した自動販売機の市場不良

１９８５年（昭和６０年）７月、和田は寿事業所の品質保証部長として製造現場に戻って来た。寿事業所は自動販売機や食品・流通機器などを生産していたが、久しぶりに見る工場内はまるで倉庫のように資材が置かれ、通路がまっすぐ見通せない状態だった。これでは不良が発生するのも無理はない、と和田は直観した。現実に、自動販売機を中心に不良が多発し、品質保証部のスタッフは日々その対応に追われるばかりで、抜本的な対策を打ち出せないまま時間が過ぎていった。

その頃のことを、和田は後日、サンデンの社内広報誌「ＳＡＮＤＥＮ　ＰＬＡＺＡ」に、「ＳＴＱＭ揺籃期の思い出・教訓」と題する一文を寄せ、こう書いている。

〈寿事業所品質保証部長として私は完全に行き詰まった。１９８５年頃の寿事業所の主力製品、自動販売機の品質問題は深刻であった。サンデンは意欲的に画期的な新製品を出すことで発展を続けてきたが、次第にその機能が電子化され、高度化されるにつれて、新規性の高い製品ほど、市場に出てから大掛かりな全数修理が繰り返され、ときには再々修理が発生し、大勢の品質管理・技術スタッフが動員された。そして新製品の品質は、工数を市場不良対策に割かれるために、さらに悪化するという悪循環に陥っていった。その間にサンデンがトップで出した新製品を上回る機能性能を持った製品を他社が出してきて、サンデンは顧客・シェアを失うということを繰り返していた。

そんななかで、その責任を最も問われたのは品質保証部長の私だった。しかし、私一人ではどうにもならない問題で、寿事業所の新製品開発マネジメントや品質意識をどう変えていくかについて、まったく手も足も出なかった。新製品の市場不良の約80％は設計品質に起因するものだったが、その対策の立案推進は大変だった。毎日、市場不良対策に追われ、前向きな品質改革の仕事はまったく手につかなかったのだ〉

しかし、サンデン経営陣が、それまでに何の不良対策も講じなかったわけではない。少し前になるが、1975年（昭和50年）には、開発・生産部門の総帥である牛久保誉夫副社長（当時）が、「協力会社をふくむサンデングループ全体の質を高めないと、顧客に対する品質保証はできない」という「運命共同体論」を発表。それにともない品質管理部検査課を検査技術課と改称し、部品の受け入れ検査を廃止した。部品品質は検査ではなく、源流の品質管理によりレベルアップするもので、サンデンと協力会社は対等の立場で共同して品質管理に取り組むべきだという発想からである。

この考え方は、やがて間接部門を含むサンデン社員、協力会社、内職作業者までのすべての人が、不良ゼロを目指して自らの仕事の改善に挑戦しようという「ゼロへの挑戦」としてまとめられ、1977年（昭和52年）にサンデンの生産に関する基本理念として、全社員並びに協力工場に向けて発表された。いま振り返ると、それは一人ひとりの仕事に対する意識改革を求めている点で、TQCへの第一歩だったともいえる。

ただ、そこから不良をゼロにしていく仕組みづくりや現状評価の方法といった具体論には発展しなかった。しかも1983年1月、戦後のサンデンのモノづくりをリードしてきた総帥の牛久保誉夫副会長が他界した。このため「ゼロへの挑戦」は精神論のまま風化してしまい、結局は1980年代に入っても抜本的な不良対策を出すことができなかった。和田は、そんな状態の寿事業所に戻ってきたことになる。

寿事業所が不良への対応で揺れるかたわら、対照的だったのは自動車機器事業部専用の八斗島事業所だった。自動車メーカーに向けてエアコンシステムとコンプレッサーを生産している自動車機器事業部は、1985年当時はすでに海外生産を含めたグローバル展開を加速させており、その経営管理は牛久保雅美・専務取締役事業部長（現会長）の専権事項になっていた。品質保証部をいち早く事業部長直轄組織として重要視したのも、牛久保の指示によるものだ。

八斗島事業所でつくる製品は、外国の主要自動車メーカーのほか日本ではホンダやスズキに納入している。トヨタに限らず日本の自動車メーカーは、ＴＱＣを柱に各社がカイゼンに取り組み、モノづくり企業としてＱＣＤ（品質・コスト・納期）を一流レベルに引き上げていた。もし部品メーカーの品質不良からリコール問題に発展した場合は、顧客に多大な迷惑をかけるばかりか、部品メーカーもダメージを受けて業界から撤退する羽目になる。このため部品メーカーは各社ともＴＱＣを全社で推進し、品質レベルを競い合っていた。その息吹を知っているだけに、八斗島事業所はＱＣＤに高い意識をもっていた。この点は、同じサンデンでも寿事業所とは大きく違っていた。

日科技連、三田課長（のち専務理事）の協力

寿事業所の「前向きな品質改革」をどうするか、考えあぐねていた和田は、ある日、外部の品質管理セミナーで池澤辰夫・早稲田大学教授の講演を聞く機会があった。そのなかで、同教授が「ＴＱＣを導入し、デミング賞に挑戦するようになると、全員参加で全社が

品質改革に向かって燃えるようになる」と語ったことが、和田の胸に響いた。

そうか、ＴＱＣかと得心した和田は、参考文献の収集や導入事例の研究をするなど自分でできる範囲でＴＱＣ導入への準備を始めることにした。ＴＱＣの総本山・財団法人日本科学技術連盟（日科技連）を訪ねて指導講師の派遣を依頼したのもその一環だった。

ところが、応対に出た日科技連の部長は「社長といっしょでなければ…」と、応接室にも入れてくれなかったという。１９８０年代はＴＱＣの全盛期で、多くの会社が競ってその導入を図ろうとしていた。ＴＱＣを進めるには、指導講師陣を抱える日科技連の協力が不可欠だ。日科技連側は協力するに当たって、その会社の本気度を知るために品質管理の担当者だけでなく、「経営責任者の同行」を一つの条件にしていたらしい。

和田は途方に暮れたが、それで諦めることはなく、次のステップとして日科技連のセミナーに「ＴＱＣ推進者のための3ヵ月コース」を受講した。そのなかで受講者がグループをつくり、互いの会社の抱えている問題点を述べ合うという座談会があった。そのとき、和田はサンデン寿事業所の状況を正直に話し、これを何とか変えたいと切々と語った。

その発言を側で聞いていたのが、このセミナーの責任者で、のちに日科技連の専務理事になる三田征史課長だった。和田の思い詰めたような様子が気になり、セミナー終了後に声をかけた。和田にとっては天佑である。和田は、改めて寿事業所の厳しい現状を訴え、

久米均教授

工学博士、東京大学工学部教授、中央大学理工学部教授を歴任。公益財団法人日本適合性認定協会理事等を務める。
サンデンはTQM導入にあたって全面的に指導を仰いだ。1989年デミング賞（本賞）受賞。

石川馨教授

工学博士、東京大学工学部教授、東京理科大学教授、武蔵工業大学総長を歴任。日本の品質管理の父と称され、牛久保現会長も軽井沢セミナーで講演を聞き、感銘を受けた。QC-サークル活動の生みの親でTQCの先駆的指導者。1952年デミング賞（本賞）受賞。

QC指導講師の人選をお願いした。その際、サンデン社員はコンサルタントずれをしていて、実力のある人でないと動かないこと、また自販機の設計品質が問題なので設計の品質管理に精通している人を派遣してほしい、ということも素直に打ち明けた。

このとき、三田が推薦したのが、日本的品質管理の父と称される石川馨教授の後継者で、当時、横川ヒューレットパッカード社を指導してデミング賞に導いた実績を持つ久米均教授だった。

すでに数社の指導を抱えていて非常に多忙であることも知ってい

たが、三田は「何とか久米先生に話してみましょう」と約束した。

それからしばらくして、三田はセミナー会場で和田に久米教授を引き合わせてくれた。和田の記憶では、このとき「不良が多発して、本当に困っています。ぜひ、御指導にいらしていただきたいのですが」とお願いしたところ、久米教授は「不良が多いほど品質管理はやり甲斐がある。全部の不良をしらみつぶしにするよりも80%を占める不良要因を一つなくすほうが大きな成果がでる」と話してくれたという。ただ、群馬に来て指導を引き受けてもらえるという返事まではもらえなかった。

じつは、和田の側にも久米教授には言えない事情があった。社内でTQCの導入と外部の指導講師を招くことに、寿事業所を統括する上司の大島専務が反対していることだ。和田が読んだ池澤達夫著『品質管理べからず集』(日科技連出版社)には、いの一番に「社長(もしくはナンバー・2の実力者)がヤル気になっていなければ、TQCを導入すべからず」と書いてある。和田は、その意味をよく理解していた。かつてオイルヒーターのJIS指定工場受審を機にトップダウンで開始した標準化運動は、JISの指定を受けて以降は、次第に熱意が失われて、不良が多発するようになった。何事もトップの意欲と姿勢次第で変わることを思い知らされた記憶があるからだ。

それでも、和田は諦めていなかった。大島専務には、久米教授の著書を読んでもらうことにした。だが、大島専務は、「ああいう難しい本は、現場は理解できないよ」と、やはり否定的だった。専門家向けの硬派の学術書だったことが、逆効果を招いたようだ。

以下は和田が前述の社内広報誌に記していることだが、ちょうどその頃、日科技連の三田課長から、とりあえず久米先生のQC講演会を地元で開いてみてはどうかという示唆があった。大島専務に相談したところ、講演会ならと許可が出た。

こうして1986年12月、伊勢崎商工会議所大ホールに久米教授を迎えて「企画開発の品質管理」という講演会が開催された。和田によれば、久米教授が群馬のサンデンを訪ねたのは、このときが最初だったという。これには大島専務も聴きに来てくれた。

その翌日、サプライズが起きた。久米教授の講演を聞いた大島専務が、「和田君、面白いね、久米先生。あの講演はよかったよ」という。本は難しかったが、講演の話は良かったと久米ファンに変身したのだ。これで壁が一つクリアできた。そののち、和田は大島専務とともに東京大学の久米研究室を訪ねて、サンデンへのQC指導をお願いした。今度は、久米教授も了承してくれたという。

久米教授によるQC指導会の開始

じつは、右記の和田の記述内容は、久米教授の記憶とは、多少食い違っている。久米教授に聞くと、最初に群馬を訪ねたのは伊勢崎商工会議所の講演会ではなく、自動販売機事業部だった。次の訪問時には、牛久保海平会長と会い、牛久保雅美専務（当時）とも会った。そのときの名刺は今も保管しているので、まず間違いないはずだという。当時の牛久保雅美専務は、まだTQC導入に積極的ではなかったように思ったとも話していた。

いずれにしても、自販機の設計部門を対象にした久米教授によるQC指導会は、伊勢崎商工会議所での講演会を皮切りに、久米教授のスケジュールに合わせて随時開催されることになった。このとき、和田の描いたシナリオは、まず自販機部門から指導会を開始し、他の部門の部門長はその発表会に出席してQCというものを理解し、腹の決まったところから順次QCを導入する。そうすればやがてTQCの導入につながるというものだった。

ところが、事態は和田のシナリオのようには展開しなかった。自販機の設計部門が、QC指導会に協力的ではなく、盛り上がりに欠けたからだ。久米教授は、その頃を回想して次のように話している。

「ひどい会社なんですよ。和田さんに連れ込まれたという感じでした（笑）。自販機の技術部の指導をすることになって、朝何時からと開始といっても誰も出てこない。どの部屋だったか忘れましたが、かなり大きな部屋で、いつ出てくるかと思って座って待っていました。和田さんはやきもきしているのだけれども、誰も出てこないのです。30分くらいは待ったでしょうか。今まで企業の指導はたくさんやりましたが、こんなにひどいのは初めてでした。すぐに引き上げたほうがいいかと思いましたが、何となくそうはならなかったです。しかし、良くできる人を教えるのが先生ではありません。レベルが低いと上がるわけですから、一生懸命やればそれなりの成果が出るのです。私は昔からそのような考えを持っています。ただ、あのときは何を指導したかあまり覚えていないのです。とにかくひどい会社だということは、頭に染みついているのですが（笑）」

久米教授は、半ば冗談交じりに当時の様子を話してくれたが、そのときの設計部門の態度について、和田は前出の社内誌で、〈設計者が不良の原因を解析し、真の原因を追及するという原因追求に慣れておらず、責任追及＝自分の責任を追及されていると受け止めるため、他の責任に転嫁してしまうような状況だった〉と記している。

とはいっても、久米教授の指導は、現実にふれさせながら、無理な押しつけをせず多くの事例を示して語りかけ、考えさせる姿勢で改善を促すものだったため、設計部門の態度も回を重ねるごとに熱気を帯び、真剣なものに変わっていった。

このQC指導会で久米教授から教えられたことで、和田がいまも忘れられないことが三つあるという。

その第1は、「QCはかけ声だけではできない。計画的に工数をとれ」という指摘である。つまり、QCは主業務の一部として計画的かつ組織的に行いなさいということだ。

第2は、「悪い点をもっと顕在化させよ」という教えである。QC指導会が始まって、かえって不良件数や不良率、トラブル件数が増加するケースが多く見られたときのこと、久米教授は次のように指導した。「不良が多少増えたことは悪いところが見えてきたので、いいことである。品質管理を始めると不良が多くなり、問題点が浮かび上がってくる。もっと不良を顕在化させる必要がある」

第3は、「野武士ではだめだ」という言葉である。その趣旨は、マネジメントをしっかりさせて会社品質を向上させるべきだということである。久米教授は、こう説いた。「不良か不良でないかを決めるのは、お客さま（顧客・ユーザー）だ。この考え方を守らなければ企業は伸びない。伸びるためには、外にある機会（お客さまの声、その他の情報）をどれだけ上手に使うことができるかにかかっている。サンデンは馬力はあるが秩序がなく、野武士に等しい。野武士の特徴は大局観や主義がないことだ。どういう事業をどう展開していくかという方向性を持っていない。だからいつまで経っても大将にはなれない」

和田は、これらの教えはTQCを導入すれば解決できるものとして受け止めたという。

定年をひかえた品証部長の一念、山を動かす

QC指導会を推進するいっぽうで、和田には2年後に迫った自分の定年までにどうしてもやっておきたいことがあった。それはTQC導入に向けて経営陣のコンセンサスをつくりあげることだった。上司の大島専務は、久米教授のQC指導会には賛成したが、TQCの導入にはいま一つ積極的ではなかった。幹部社員には、日科技連主催の「品質管理経営幹部特別コース」に参加してもらったが、帰ってきて感想を求めると、幹部の多くは「自分の部門は大丈夫だから、他の部門にTQCを導入すれば会社がよくなる」と言い、まるで他人事だった。社内が一致してTQCに導入に向かう気運が生まれてこ

ないのだ。

そんななか、1987年6月、牛久保雅美専務（当時）が副社長に昇格した。これまでは自動車機器事業部長として八斗島事業所だけを見ていたが、今後は他の事業部もふくめてサンデン全体の経営に責任を負う立場になったのだ。和田は、これは最後の機会だと思い、上司には相談せず、新副社長にぜひ夏の軽井沢で開かれる「品質経営のトップセミナー」にぜひ参加してほしいと願い出た。自分はあと二年で定年になる。残された時間でサンデンに品質管理をしっかり根付かせたい。そのためにはぜひ軽井沢のセミナーに参加し、他の会社の品質経営の状況もふくめて聞いてきてほしいと訴えたのだ。

かつて牛久保は、大学生の一年のとき、夏休みのアルバイトでサンデンの本社工場で働いたことがある。そのとき、入社して間もない和田が電気洗濯機のモーターの設計に取り組んでいたのを手伝い、モーターの出力測定を行った。和田とはそのときからの間柄である。その旧知の和田が、経営会議が終るのをずっと待っていて直訴してきた。和田の必死の思いを察した牛久保は、「よし、わかった」とその場で了承した。

和田の直訴は実を結んだ。軽井沢のトップセミナーに参加した牛久保は、品質管理の重要性を痛感し、TQC導入への決意を固めてくれたからだ。このときのことを、のちに2009年に行った講演のなかで、「正直な話、それまでマーケティング志向が強く、商品開発という視点から見て、品質管理「Quality"Control"」はあまり好きではなかった。ところがセミナーに出席してみて驚いた。品質管理は、大変な科学である。セミナーでは、品質管理の基本である『教育に始まり教育に終わる』ということも学んだ。そして、世界市場で勝負する条件を、真剣に考えなければならないと思った。品質が良くなければ、世界市場で信用されない」と述べている。

また、TQCの手法そのものは、かつて70年代にカークーラーの市販展開を始めたとき、自分たちが戦略的にとっていた計画―実行―見直しのサイクル、すなわち冬場に昨年度の実績を分析し、次年度の販売と生産計画を立て、春から夏にかけてそれを実行し、秋にはふたたび今期の実績を見直すというやり方とよく似ていることに気付いた。自分たちは無意識のうちにPDCAサイクルを回していたことになる。これならTQCを導入しても、社内に受け入れる土壌があると判断した、とも述べている。

牛久保がセミナーでレクチャーを受けた講師のなかにはコンプレッサーをつくるトヨタ系のライバル会社の経営者もいた。その会社が小集団活動に熱心に取り組んでいることを聞き、牛久保は、サンデンも取り組まなければ企業間競争に負けてしまうと強く思ったという。

セミナーから戻った牛久保は、和田たちに全社的に小集団活動に取り組む準備を図れと指示するいっぽう、7月の常務会に諮り、TQCを本格的に導入することを正式に決定した。また、9月には社長と常務にも品質経営のトップセミナーに参加してもらい、部長クラスは、毎月、数名ずつ1週間コースの品質管理セミナーに参加することを指示した。

牛久保は、ただ号令をかけるだけでなく、自らもTQC導入企業の研究に勤しんだ。そのころ、日比谷公会堂で毎年のように開かれていたデミング賞受賞企業社長の講演会には、必ず駆けつけて傍聴した。

また、1989年に社長に就任すると、「TQCを進めるには何よりも教育が大切」という信念のもとに、取締役会に提案して、埼玉県本庄市にQC教育を含めて自主行動型の社員を育成するための教育研修施設「コミュニケーション・プラザ」の建設を推進した。

竣工は翌1990年になったが、敷地面積4270坪、鉄筋コンクリート3階建て、収容可能人員340名。内部には250名まで集まる事のできるプラザホールや5つの研修室、ツインベッド38室、定員120名の食堂、大浴場、小浴場などや、談話コーナーなどコミュニケーション施設も備えた本格的な研修施設である。総工費は12億円を超えた。経営陣のなかには根強い反対意見もあったが、父である牛久保海平会長（当時）を説得して建設まで持ち込んだのだ。サンデンが生産施設以外で大型投資をするのは、初めてのことだった。このコミニュケーション・プラザが、研修基地としてその後のSTQM推進に果たした役割は計り知れない。

和田によれば、牛久保のように一度決めたら最後まで継続してリーダーシップを発揮していく推進力は、それまでのサンデン経営陣にはなかったものだという。いずれにしても、1987年の秋からサンデンは開発と製造部門を中心にTQC導入に向けての取り組みを開始した。品質改革への和田の一途な思いが、ついに山を動かしたのだ。

その和田に、座右の銘にしている言葉を聞くと、幼い頃、母親から教えられたという道歌、「怠らず行かば千里の道もみん、牛の歩みのよし遅くとも」をあげた。一説に「徳川家康百人一首」のなかの一首だとされているが、物事が思うように進まないとき、和田がいつも心の中で唱えていた歌だという。

サンデンコミュニケーション・プラザ（埼玉県本庄市）
サンデンの“品質の城”として1992年に設立

第3章

STQM活動への修練期（1）——開発部門の取り組み

ＱＣ指導会の講師に蝶野光昭が着任

牛久保副社長（当時）の主導によりＴＱＣの導入が決まったが、そこから改善・改革の効果が出て業務水準のレベルアップに結びつくには、まだかなりの時間を必要とした。そのいわば修練期間中に、ＱＣの指導では久米教授やその門下の蝶野光昭、下山田薫、須山益男の各講師、のちに導入したＴＰＭ活動では下山功講師、特別指導で秋月影雄早大教授など、優れた外部講師による粘り強い指導があったことを忘れてはならないだろう。

すでに始まっていた久米教授による開発部門のＱＣ指導会は、教授の多忙なスケジュールと調整しながらに開かれてきた。一回の指導会が終わると、次の指導会までの間に次回のための不良解析データの作成といった準備は、設計部門にヒアリングしながら和田の部下の森猛（のちＳＴＱＭ本部リーダー、現在は一般財団法人日本科学技術連盟）がすべて引き受けた。森は１９７８年に入社した技術系社員で、手堅く品質管理の仕事をこなし、和田をサポートしていた。和田は、「森君がいなければ、サンデンとして久米教授のＱＣ指導会は継続できなかった」と述懐している。

蝶野 光昭氏
IHI退社後サンデンに入社し、1990年から取締役、兼品質本部長を経て1996年に退社。

秋月 影雄教授
元「電気学会」会長、早稲田大学名誉教授。2012年瑞宝中綬章受章。1990年から2018年までサンデンを指導。

ＴＱＣの導入を決めて以降は、サンデン側からもっと頻繁にＱＣ指導会を開いてほしいという要望が提起され、これに応えて久米教授は、開発部門にはＩＨＩ（石川島播磨重工）出身の蝶野光昭、製造現場・営業部門にはコマツ出身の下山田薫の二人を推薦した。その後境事業所の指導も開始し、コマツの小山工場にいた須山益男が加わった。いずれも、ＴＱＣの実践では名の知れた先進企業に在職し、久米教授の薫陶を受けた門下生だ。多忙の久米教授をサポートして、毎月一、二回のペースで訪れてＱＣ指導会を進めていくのが彼らの役割である。開発部門の担当講師に推薦された蝶野光昭は、ＩＨＩ時代、土光敏夫社長（当時）の謦咳に接し、すっかり土光ファンになった。土光がブラジルに合弁会社石川島ブラジル造船所をつくると、志願してブラジルに5年間駐在したという経験を持っている。帰国後は造船、原子力などの技術畑を歩み、最後はＴＱＣの推進担当者として活躍した。そのときの指導者が久米教授だったという。

サンデンには、１９８７年から指導に訪れ、８９年には新しくできた組織、工場経営本部の顧問に就任。９０年からは取締役品質本部長として、サンデンには7年間在職し、主に設計部門の仕事の改善・改革に取り組んだ。当時の蝶野の仕事ぶりについて，和田は次のように語っている。

「あの人は大変な勉強家なんだよね。はじめの頃、ホテルに泊まっていたんだが、社内規格を全部持ってきてくれという。それで部屋に持っていった。次の朝に会ったら、目を赤くしている。『私は一晩中目を通していました』というんだ。そして、『こんな立派な社内規格があるならば、私はやることはありませんよ』と本当にまじめにいうんだよ。だけど社内規格があったって、サンデンはぜんぜん守っていないんだから。それはポット式石油ストーブのときにつくった作文ですってということで、始まったわけだ。だけど、蝶野さんは本当に我慢してくれた。実際、久米先生と比べられるから、辛かったと思う。蝶野さんが何ヶ月かやって、それで久米先生が指導にくるから、みすぼらしいことは見せられない。だから、真剣にやってくれた。非常に神経の細かい方で、サンデンにはあれだけ神経の細かい人はいなかった」

和田が言うように、蝶野はそれまで勤めていたＩＨＩとは仕事の習慣や文化がまったく異なる会社に乗り込んで、改善・変革をしようとするのだから、並大抵のことではなかったはずだ。その当時を振り返って、蝶野自身は次のように話している。

「最初は、ちょっと大変かなという印象でした。でも、みんな真面目ですし、教育次第でかなり成長できると思い、それなら腰を据えてやろうと、サンデンさんに籍を移して取り組むことにしたのです。指導を始める前に、現場の市場調査を何回かしました。当時の岡田丑蔵サービス部長と自販機のお客さまを回って歩き、生の声を聞きました。最初は、お客さまも遠慮がちで建前の話に終始しましたが、次第に本音を言ってくれるようになりました。もうコテンパンに言われたところもありました。当時のクレームの大半は、『コインを入れても商品が出てこない』というマイクロスイッチの不良でしたが、そういう話を聞くにつけ、私はこれは元を正せば設計の問題だ、サンデンを一流の会社にするには設計を改善するしかない、と思いました。久米先生も設計部門に焦点を当てていましたが、私もさらに輪をかけて設計部門を良くしていこうと思ったのです」

蝶野が指導を始めた頃の自販機の開発部門がどんな意識や雰囲気のなかで仕事をしていたのか、後日、和田がある雑誌のために書き上げた論文『サンデンTQM物語』には、その当時の開発部門にあった伝統的な意識と行動＝文化について、次のように記されている。

●他部門から入ってくる品質情報について素直に対応しない。その現象が起こったときの使用条件をもっと詳細に知らせよ／ユーザーの自販機の使い方についてもっと詳細に調べて報告せよ／設計のミスを再試験で立証してから来い、などと言って、積極的に動かない傾向が強かった。

●ユーザーの使い方が悪い。営業の売り方が悪い。アフターサービスの対応・修理の行い方が悪い、製品の作り方が悪い等、自責で考える前に他責とすることを考える癖があった。また、「後工程はお客さま」という言葉に対し、開発部門長のなかには「前工程は神様」と言う者もいた（つまり設計者は偉いのだという意味である）。

●管理技術の活用や再現試験、改善実験などの工数を取るより固有技術の検討こそ大切という意識が強かった。しかし、相次ぐ信頼性に関わる市場でのトラブルが多発するなかでしだいに管理技術への関心が高まっていった。

●ＴＱＣや管理技術は創造性の敵、というＴＱＣ先進企業の開発研究部門からの誤った情報が仲間を通じて持ち込まれ、まことしやかに伝えられるケースもあった。

開発部門にそうした独特の意識・行動が見られるなか、久米教授のＱＣ指導会では過去の10大クレームを抽出して解析し、再発防止策を追究するという取り組みが行われた。最初は不良を他部門のせいにする悪い癖が出て、なかなか思うように進まなかったが、久米教授の粘り強い指導により、回を重ねるごとに改善の兆しが出てきた。蝶野は、ちょうどその時期に指導に加わったことになる。

QC指導会発表資料に見る指導内容

当時、久米教授と蝶野がどういう指導をしたのか、その一端を窺い知ることのできる資料がある。1989年11月に開かれた「QC指導会発表会」で配布された資料がそれだ。そのなかに1987年（昭和62年）から翌年にかけてのQC指導会関連の活動日誌「開発管理改善経過報告」があり、左記のように記されている。

この活動日誌から見ると、QC指導会はかなり頻繁に開かれていたことがわかる。そこに、蝶野の熱血指導があったことも想像できる。前出の和田論文によれば、蝶野は最初に

ＱＣ診断を実施し、主に次の４項目の問題点を指摘し、対策を提起したという。

その第1は、新規設計検討項目の明確化である。――トラブルの５０％が新規設計検討項目のなかから発生しているなか、どうやって検討項目を抽出するか、設計着手の早い時期に新規設計検討項目を決め、検討を進めることが重要。また、専門家の意見をどうやって抽出したらよいかも課題と指摘。これを改善するには、「新規設計検討項目の定義をはっきりする」、「設計フローの途中に『新規設計検討項目の抽出』というステップを入れる」、および「新材料、新技術の『新』を決定していく仕組み、プロセスを決める」ことが必要だと提起された。

久米教授のQC指導会

第2は、開発プロセスの改善である。――商品開発規程には開発ステップが明記されているが、実際は実施されていない。課ごとにそれぞれの大枠での開発プロセスを持っているのが現実だ。これについては、統一された規定を作る必要がある。現状を把握したうえで重要事項をしっかり押さえて実行可能なものを作るべきだという提起がされた。

第3は、事前検討の強化である。——DR（デザイン・レビュー＝設計審査）に相当する「手作り試作検討会議」、「量産検討会議」などが行われているが、その内容は統一されていない。ケース・バイ・ケースでまちまちであり、問題提起された事項についてもその対応、検討がきわめて不十分であり、情報が生かされていない。これを改善するには、DRの運用について規定化していく必要がある。また、品質表、FMEA、FTAなどの手法の活用がない。これら手法の導入を行い、事前検討を充実し、強化しなければならない、といったことが提起された。

第4は標準類の整備と活用だ。——設計に関する標準類が守られていない。具体的には、①標準を使用して仕事をする意識、意欲がない。どんなことが基準化されているか知られていない。上位職者での認識レベルが低い。②上位職者が指導していない。③基準の権威がない。守らないので問題を起こしても注意、指導がない。④メンテナンスの体制、システムがない。作りっぱなしになっている。

これら第1〜第4にいたる重要項目については、項目ごとにWG（ワーキング・グループ）を編成して、改善活動に取り組むことにした。各WGは、ときには競い合い、また協力して改善活動を展開した。新開発プロセスや事前検討段階での新手法の適用は、新製品群のなかの戦略機種をモデル機種に選んで試行し、PDCAサイクルを回しながらプロセスやシステムの充実、レベルアップが図られた。また、QC手法については活動事例を発表し合って、経験の共有を通じてその活用に熟達していった。――以上が、和田の前掲論文に記された蝶野の指導内容である。

設計品質改善手法の導入でレベルアップ

では、そうした新しい試みを導入し、新風を吹き込んだことについて、蝶野自身はどう思っていたのか、本人から直接聞いてみた。

「私の見たところ、自販機設計部門の仕事の進め方には、節目がなかった。また、節目をつくる仕組みもないことがわかりました。そこに手をつけるということは、これまでに刷り込みとして存在する習慣的な仕事の進め方・文化といったものを変えようとするわけですから、少し時間がかかることは覚悟していました。

例えば、図面の改廃率がそうです。どうしてかサンデンの設計陣は、ユーザーから、あるいは生産現場から言われれば、すぐに図面を変更するのが習慣になっていました。図面を変えることに罪悪感がないのです。当時の自販機では、改廃率が５０～７０％という驚くべき比率でした。つまり、１００枚図面を書けば、そのうち５０枚以上は書き直すということです。図面を変えれば、それにともなって材料の調達から製造現場まで多くの工程が振り回され、不良の遠因となります。

そればかりか、図面を変えたときの変更管理がきちんとしていないため、変える前と後で、何が違っているのか、分からなくなってしまう。失敗の７０％は、そうした変更にともなう管理の杜撰さから生まれていたのです。

これらを事前に防ぐための仕組みとして導入したのが、ＤＲ（デザイン・レビュー）という設計手法でした。また、それに関連してＦＭＥＡ（Failure Mode and Effect Analysis＝故障モード影響分析）、ＦＴＡ（Fault Tree Analysis＝フォルトツリー解析）、ＱＦＤ（Quality Function Deployment＝品質機能展開）という手法も取り入れました。これらは自動車機器部門ではなく、自販機の設計部門が最初に取り入れたのです。じっくり時間をかけて指導していくうちに、少しずつ芽が出て改善されていくのが見えてきたときは、本当に嬉しかったですね。

人材を育てるには、それまでできなかったことが少しでもできるようになったとき、必ず褒めてやり、励ますことが大切だ、と私は思っています。人は褒めてやると必ず伸びます。もし、できなければ、根気強く待ってやること。これに尽きると思います」

蝶野が導入を図ったDRとは、開発プロセスの節目ごとに提出される設計案に対して、性能、原価、安全性、信頼性、生産性、周囲への影響、保全生、サービス機能、ライフ・サイクル・コストなどが開発目標と合致しているかどうかを審査し、問題点を指摘し、次の開発ステップに移行してよいかどうかを、会議を開いて組織的に検討する活動をいう。審議に参加するのは、企画担当部門（顧客）、開発課、品質保証課、生産管理課、製造課、生産技術担当部門、サービス担当部門などである。

DRは開発段階によってタイプが異なる。蝶野が導入したのは、DR1、DR2、DR3、DR4の4タイプである。DR1は、開発着手のための要求事項（顧客要求事項、製品仕様、目標品質、採算など）及び開発計画、ネックエンジニアリング等の妥当性を審議し承認することを目的に実施する。実施時期は顧客要求事項が確定し、工場内で上記項目の検討が終了した後である。DR2は基本設計、構造設計の妥当性を審議し承認するために、基本設計、構造設計の終了後に実施する。DR3は、設計検証、設計の妥当性確認終了後（設計計画書記載実施時期）に、設計検証結果、設計の妥当性確認結果の確認と承認のために実施する。そして、DR4は、製品市場展開後に、製品開発時の要求事項及びその達成度の市場における妥当性の検証のために実施される。

和田が前述の論文で記したように、サンデンでは手作り試作の検討会議、量産検討会議などが実質的にDRに相当するような制度が設けてあったが、その内容は統一されたものではなく、十分に活用されていなかった。開発プロセスの節目ごとに、次のステップに進めるか否か、第三者を交えて検討する場を設けていなかったのだ。

蝶野はそこに着目し、ワーキンググループをつくって改革・改善に挑戦させた。開発プロセスの節目にいくつかの関所を設けて、設計審査する仕組みをつくらせたのだ。このDRを定着させ、製品設計のチェックの間口を広くするのに、およそ2年の年月を費やしたという。

このほか、FMEAは、米国のNASAが開発した設計あるいは製造工程に起因する品質トラブルの事前解析法である。蝶野が著したテキスト『設計計画法』によれば、その手順は次のようになる。
①製品を構成するユニットごとに故障をもたらす不具合事象（故障モード）、たとえば断線、短絡、表面あれ、洩れ、外れ、緩み、詰まり、変形、折損、割れ、欠損などを考えられるものを全部列挙する。②故障モードが発生した場合の製品に及ぼす影響(人身事故、火災、県境破壊、出力低下、断続作動、不安定作動、軌道外れ、異音・騒音、異臭、外観

の損傷など）を考察する。③故障の原因、故障のメカニズムを考察する。たとえば、振動による磨耗、湿気による腐食，外部との接触による破損─→断線、材料選定ミス、使用頻度の推測の誤り、過負荷、潤滑不良、保全に対する指示不良─→機械的故障、降伏（Ｙｉｅｌｄ）、クリープ、披露、材料のバラツキ、腐食─→故障というふうに故障の原因やメカニズムを考察する。以下、④故障モードの起こりやすさの評価、⑤影響の大きさの評価、⑥故障の検知の可能性の評価、⑦危険優先指数の計算、⑧改善の勧告、⑨改善の担当部門、期限を定める、⑩対策案についての再評価。

このほか、ＦＴＡや、ＱＦＤも導入され、自販機の開発部門の仕事ぶりは大きく変わった。最初は軋轢もあったが、蝶野の粘り強い指導によって次第に定着し、設計部門の実力が自然にレベル・アップしていったのだ。

これは前述の森猛が提供してくれた資料だが、１９９４年の数値だが、蝶野が指導を始めた当時は５０％を超えていた自販機設計部門の図面の改廃率が、１９９４年には２２％にまで下がっている。森によれば、商品企画書や開発起案書などもきちんと作成できるようになり、従来なら口頭で伝えていたものも図面や文書で残せるようになったという。蝶野の忍耐強い努力が、これだけの成果をもたらしたのである。

蝶野先生QC指導会スケジュール（抜粋）

年	月	日	会議・内容
87	7	10	QC指導会
			「設計に関する調査」の提案
		25	実態調査に関する準備打合せ
			調査要項に関しての説明
		28-29	実態調査
			SCV-300をモデルケースに実施
	8	8	実態調査
			SCV-300をモデルケースに実施
		24	QC指導会
		25	改善推進会議
			進め方の検討（4つのWG形式で検討する案を作成）
	9	3	改善推進委員会（進め方の検討）
		10	改善推進委員会（進め方の検討）
		16	開発部門へ改善計画の説明
		17	改善実施委員会（4WGメンバー編成）
		22	改善推進委員会
			メンバーへの趣旨説明
		26	改善推進委員会（進め方の検討）
			QC指導会
	10	16	
		19	

第4章

STQM活動への修練期（2）——TQCとTPM

ＱＣサークル活動の復活――アクション２１

ＴＱＣの導入により、ＱＣ指導会と並行して全社的に復活したのが、１９７０年代に中止し、長い間、公式には活動停止状態にあった小集団活動（ＱＣサークル活動）の復活だ。その経過について、当時、和田の下で品質管理グループのリーダーを務めていた深澤行雄は、こう話している。

「実は１９８７年６月の軽井沢セミナーからマイクさん（牛久保元会長の愛称）が帰ってきたとき、私と和田とで訪ねているんです。私たちはＴＱＣについての感触を早く聞きたかったものですから。そのときにマイクさんから、セミナーの講師を務めた人がトヨタ系のコンプレッサーをつくる競合会社の経営者だったという話がありました。そして、『サンデンはその競合会社に追いつくことができる。ただし、その会社とサンデンの違いは、向こうはＱＣサークル活動に全社をあげて取り組んでいる。けれどもサンデンはやっていない。そこが大きな違いだ』とおっしゃって、ＱＣサークル活動を全社をあげてすぐにやれと指示されたんです。これが公式に小集団活動を復活させるきっかけになりました」

サンデンはかつて１９６０年代に製造部門でＱＣサークル活動に取り組み、１９７０年代の初頭には日科技連の全国大会で発表するほど活発な活動をしていたが、大きな組織改革があったため、サークルメンバーがバラバラになり、結局は中止してしまったという過去がある。それ以来、「ＱＣサークル活動は失敗した活動」という誤った評価が社内に残ってしまった、と深澤は言う。

しかし、過去にＱＣサークル活動を実践した経験者たちで、いまは製造部門の中間管理者になっている人たちのなかには、小集団活動の優れた点をよく憶えていて、機会があれば、いつかは再開したいと考えていた。そこに目を着けた深澤たちは、事前に準備して、任意の部門に活動を再開してもらうことを仕掛けていた。実際に１９８６年頃から、いくつかの現場で、先行して活動に取り組むグループもできていた。だから、まったくゼロの状態から復活したわけではなかったのだ。これについて、深澤は次のように述べている。

「ＱＣ指導会が始まった前後の時期ですけれど、私たち品質管理グループは、将来ＴＱＭを導入することがかならず来るであろうと思い、そのために小集団活動を先行してできるところにやってもらおうとしていたんです。最初に着手したのは、社内の工場よりも部品メーカーでした。部品メーカーの品質を良くしてもらおうということで、小集団活動を勧めたのです。私たちでＱＣの考え方や手法の教育を担当し、その部品メーカーの抱えている品質問題を提起してもらって、それを一緒になって六ヶ月間で解決をする、一年に二サイクル回すという活動をやってきたんです。

そして次は、この流れを社内の工場でも起こそうとしました。非公式に参加を呼びかけたところ、最初に手を挙げてくれたのが、以前、隣町にあった境事業所、ここは金型をつくる工機工場と、電装品とかプリント基板だとかをつくる機能部品工場、そして石油ストーブをつくる住設工場、この三つの工場で構成されていたのですけれど、そのなかの工機工場の工場長が小集団活動をやりたいと手を挙げてくれました。

また八斗島事業所でもカーエアコンの組立工場が製造部門だけ小集団活動をやりたいという意向を表明してくれました。その両方の責任者が、『品質管理グループが支援をしてくれるのなら。うちの工場はやりたい』と言ってくれたので、全面的にバックアップして取り組むことにしました。ぜひ成功させよう、そうすればやがて全社でこっちを向いてくれるんじゃないか、そんな思いもあって先行してＱＣサークル活動を開始したのです。すぐに目覚ましい成果が出たわけではありませんが、将来、全社でＴＱＭをやろうとなったときに、すぐ力になれるものを耕しておこうという意図が強かったと思います。

そういう経過で、すでに非公式に先行していたところに、マイクさんが軽井沢に行ってくれて競合会社の話を聞いて、サンデンも全社で取り組めとの指示を受けた。それからわずか半年で準備して翌年4月にスタートできたのは、先行した取り組みがあって素地ができていたからにほかなりません」

深澤が言うように、すでに八斗島事業所のカーエアコン工場や境事業所工機工場では一部でＱＣサークル活動を再開していた。また、東京支社はプラスワン活動、中国支社ではＮＨＡ活動という別の名称でやはり小集団の改善活動に取り組んでいたという背景がある。

しかし、各部門固有の活動であるため、活動の目的や目標はもちろん、推進体制や評価、報奨のあり方もまちまちで、会社としての整合性はまったく取れていなかった。

そこに牛久保副社長(当時)からの指示があり、これらの活動を、全社で統一された目的・目標のもとに全社・全部門で実施する活動として統合し、さらに改善提案制度も組み合わせた新しい全社活動として発進させることにした。それが１９８９年4月にスタートした「アクション２１」である。その名称は、社内にはまだ「ＱＣサークル活動は過去に失敗した活動」という悪いイメージが残っていたので、社内公募により決めたものだという。

20年近くブランクのあったQCサークル活動が、こうして公式に復活した。それも製造部門だけでなく技術開発、生産技術・品質保証部、管理、営業の全部門、さらには社外の部品メーカーを加えた300を超えるサークルが活動する小集団活動の始動である。

その推進事務局は、東京本社の経営企画室のなかに置かれ、事務局員には経営企画室長と課長、サンデン販売経営企画室長、サンデンインターナショナル経営企画室長、そして深澤行雄リーダーの5人が選ばれた。

深澤たちが待ち望んだ「アクション21」のキックオフ大会は、4月3日、寿事業所の大食堂で開催された。このとき挨拶に立った牛久保雅美副社長（当時）は、次のように活動の趣旨を述べている。

「サンデンにおける小集団とは、職場における管理・改善を自主的、かつ継続的に全員参加で推進する小グループです。サンデンの小集団活動は『アクション21』と呼び、経営理念である『知を以て開き和を以て豊に』を実践する活動であり、コミュニケーション活動と具体的な業務改善活動を通じ、相互に啓発し、働きがいのある職場を作り、サンデンの体質改善と発展に寄与する活動です」

深澤によると、牛久保副社長は、挨拶を終えると壇からフロアに降りて、出席したリーダーの一人ひとりに、「頑張ってくれ、頼むよ」と声をかけ、握手をして回った。それまで会社のトップが、現場の人たちと直接、言葉を交わすことはほとんどなかったこともあり、リーダーたちは感激した。やる気が倍増した、というのが深澤の観察だ。

この年（1989年）の6月、牛久保雅美は副社長から社長になり、これからの経営の指針として、「サンデングループは、社員一人ひとりの活力を結集し、世界中のお客様、株主、社会等に貢献して、繁栄する企業群となるグローバル・エクセレント・カンパニーズをめざす」という21世紀初　サンデン企業ビジョンを発表した。

サンデンにはすでに創業経営者がつくった経営理念と社是があったが、21世紀を見据えたより具体的なビジョンを作成したのだ。そこ向かって全部門の社員がベクトルを合わせて挑戦していく長期目標である。この長期目標ができたことで、「アクション21」は、それを実現していくための手法という意義づけをされることになった。

〝5SはTQCを始める前に済ませておいてほしかった！〟

「アクション21」より先行して進んでいたQC指導会も、問題を分析して解決していくために小集団活動を活用することがあった。このため、「アクション21」とQC指導会は車の両輪のように作用した。

そのQC指導会で、久米教授が営業部門と製造部門の指導会講師として推薦したのは、建機のトップ企業・コマツの関連会社「コマツ・キャリア・クリエイト」の専務取締役だった下山田薫と、同じく小山研修所長で常務取締役だった須山益男である。

下山田は、かつて1960年代、コマツが建機の自由化対策としてQC活動（マルAプロジェクト）に取り組み、デミング賞を受賞した際に開発した「旗管理」をサンデンにも導入しようと試みた。旗管理はトップの方針を徹底するための管理手法である。下山田は、これがサンデンにも根付くよう、事業部や営業部門を中心に指導した。

下山田 薫氏
コマツキャリアクリエイト専務取締役を経て、株式会社ケイ・シー・シーを創業、代表取締役会長。

この下山田の指導に対して、和田たちサンデン側はじつはもっと別の期待を抱いていた。それは特に製造部門の整理・整頓・清掃・清潔・躾の徹底という5Sの指導もやってもらえるのではないかという思いだった。これについて、和田は次のように話している。

「下山田さんだけでなく、久米先生や蝶野さんを案内したときも、工場内はグチャグチャしていた。工場には白線が引いてある。トヨタでは白線を踏んだら罪になるんだって。それなのに、白線の中に品物が結構置いてある。白線もよく見えないんだよ、うちの製造現場は。ところが、先生方は『たまげた！』なんて言わないんだ。これは意外だった。

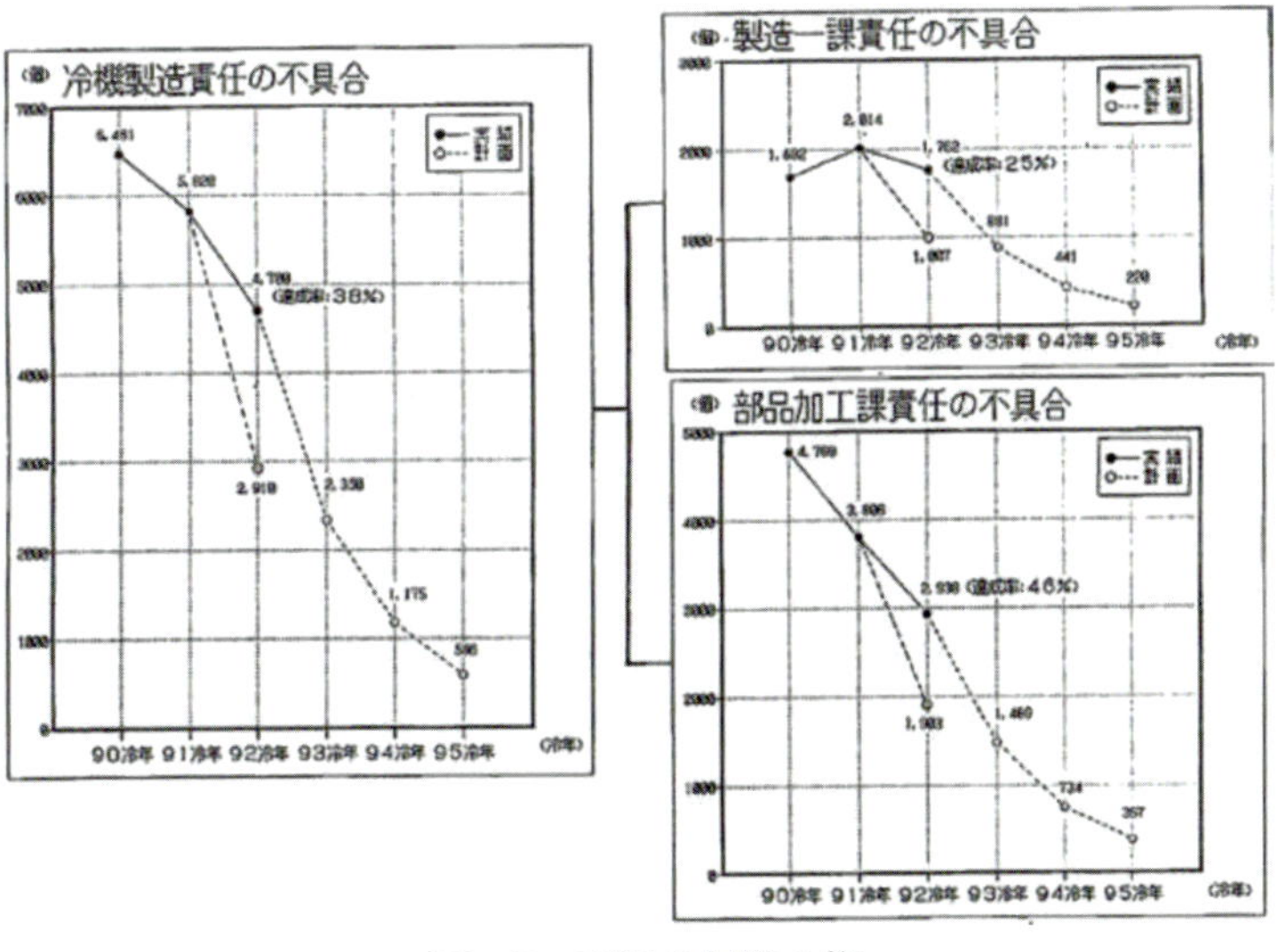

図−2　不具合対策の旗

それよりも久米先生が驚いたのは、開発の部門にベテラン社員が大勢いたことだった。『なんでベテラン社員がこんなにいっぱいいるの？　新入社員ですむんじゃないですか』と。これは久米思想の重要なところなんです。久米先生の哲学では、開発というのは、7割か8割は前の技術をそのまま持ってくればいい。新製品といったって、本当に変わるのは10％ぐらいなもんだ。そこはベテランで押さえておかなければならない。残りは過去の技術が活かせるから、前の技術をよく整理して標準化してあれば、それは新入社員に任せてもいいはずだと。それが先生の論理なんだ。変わらない部分をいろいろ品質管理手法を使って、これを整理して誰もが使える格好で蓄えることだというんだ。現場の細かいことをどうするというより経営的な観点から仕事を分析・整理していくという高度な発想なんだよね。

で、今度は製造部門の指導にきた下山田さんを案内したときも、やはり現場がゴチャゴチャしているんで、これじゃしようがないよと。うちの営業が、お客さんには見せられない現場だと言っていたくらいですから、もうどうしようもない。私にしてみれば、そこを指導してもらいたかった。だけどそこには触れないんです。

下山田さんには営業部門と同時に製造部門の指導もしていただいたけれど、ＱＣ指導会のときは、すぐ部屋に入って、基本的構造、悪さ加減、失敗の事例など品質不良をつくる要因の解析を始める。こういうのを再発させないための方策を見つけ出すのがＱＣ指導会のメイン業務なんだ。だから現場の３Ｓ（整理・整頓・清掃）ができていなくても、あんまり問題にしなかった。で、ＴＱＣを導入しようとしたとき、下山田さんに『３ＳはＴＱＣが始まる前に終わらせておいてもらいたかった』と言われて、がっくりきました」

秋月教授の協力でＴＰＭ活動の導入

和田は、５Ｓ（整理・整頓・清掃・清潔・躾）の指導を、ＱＣ指導会に期待するのは筋が違うようだと悟った。ちょうどその頃、グループ企業の古賀製作所で、ＴＰＭ（トータル・プロダクティブ・メンテナンス）活動を導入したという話を聞いた。そこの工場は、それまで床に油が飛び散って数センチも溜まり、床の上は石を置いてしか歩けなかった。それがＴＰＭ活動を導入したところ、見事にきれいになったと言うのだ。実際、見学してみて驚いた。あれほど汚かった工場が、本当に油が一滴も落ちていないと思うほど清掃されていた。これはすごいと和田は思った。

そこに、部下だった天笠欣也が「ＴＰＭといえば、早稲田大学理工学部の秋月影雄教授がプラントメンテナンス協会のＴＰＭ優秀賞の審査委員をしていますよ」と、耳よりの話を持って来た。秋月教授は、牛久保雅美社長（当時）が大学、大学院と同期だった人で、新卒採用に卒業生を回してもらっている間柄である。早速、和田は牛久保社長のところに行き、秋月教授に話をしてもらえないかと頼み込んだ。

ＴＰＭの導入は、この和田の頼みを受けて牛久保社長が秋月教授に連絡した時点から動き出した。以下は、秋月教授による当時の回想である。

「牛久保からある日、電話がかかってきました。また学生のリクルートかと思ったら、今日は違う話なんだと。『お前は変なことをやっているそうじゃないか。じつはＰＭ賞のことを調べるとお前の名前に突き当たる。どうなんだ』と言うから、『いや、ちゃんと審査員をやっているよ』と答えた。いまは違っていますけど、昔のプラントメンテナンス協会は、審査員をやるのと同時に事前に指導もするんです。そういうやり方だって教えると、『じゃあ一度、お前、来てくれないか。ＰＭという活動を導入するのがいいのかどうか。お前がどう思うか、見てくれないか』と言われた。それで群馬に行ったんですね。そのとき、寿工場を見た感じは、ひどいの一言です。まず、工場内に非常にたくさんの物が置いてある。どういうものかと聞くと、『使わなくなったものです。倉庫がないものですから』というのです。工場内のスペースは物を置いてある倉庫の面積のほうが多く、生産は残りの1割ぐらいのスペースやっている。それからモノづくりの仕方。『ここでやっているのは、江戸時代の工場と同じ』というのが率直な印象でした。

それで牛久保に返事をしたのは、プラントメンテナンス協会というのがあって、生産設備や生産環境を改善する活動（ＰＭ）の指導をしている。ＰＭ活動というのはステップ方式になっていて、非常にわかりやすい。まずこれをやりなさい、次にできたらこれをやりなさい、そして次にこれをやりなさい、という格好になっている。

そういうことをやり、しかも目標がはっきりしていて、それがきちんとできるか審査して、優秀賞というのが取れる。いちばん最初はＰＭの優秀賞。そのときはTが付いていなくて、ＰＭの優秀賞だったと思います。それに挑戦するのがいいんじゃないかと。目標も賞を取るということがはっきりしている。5年ぐらいかかるだろうが、それをやってみたらいいんじゃないかと言いました。

いちばん先にＰＭで指導するのは何かというと、5Sといって整理・整頓・清掃・清潔・躾をやるわけです。最初に見てこれはひどすぎる、要らないものは捨てるべきということで、いちばん適当ではないかと考えて、ＰＭをやったらいいと勧めたわけです。

それでプラントメンテナンス協会にも、「これは私の知り合いで」と言って牛久保を紹介しました。協会には指導員がいて、指導する人が派遣されるわけです。そのときに決まったのが下山功さんだった。僕のほうも、牛久保と友だち関係だから特別に指導に行く。ほかの会社でも、この先生の専門のところがいちばん気になるから来てもらいたいと言われて、ほかの企業へ特別に行くこともあります。そうした指導と同じです。それと同時に、主体はプラントメンテナンス協会のＰＭ賞に挑戦する

1991年6月　TPMキックオフ大会（寿事業所旧食堂。演台は和田元専務）

という話でずっと進んでいったわけです。最初は八斗島と寿の両方を見たと思いますよ。2日ぐらいかけて」

TPMは、こうして秋月教授が一肌脱いだことで、1991年6月から製造部門に導入されることになった。その指導は秋月教授の特別指導と、同協会から派遣された下山功講師による指導の二本立てで行われることになった。和田が切望した生産現場の3Sは、TPM活動の第1ステップとして取り組むことになった。

しかし、TPMは、5Sだけでなく、「生産システム全体の効率化を極限まで追究する全員参加の小集団活動である（日本プラントメンテナンス協会編『設備・人・企業を変革するTPM入門』）」と定義されている。このため、QC指導会や「アクション21」の小集団活動と重複する部分ができることは避けられない。そのことを承知で導入に踏み切ったのは、秋月教授のアドバイスと牛久保社長（当時）の決断があったからにほかならない。

下山講師の粘り強い指導で「3時間残業」がなくなった

TPMの指導講師として派遣された下山は、トヨタ車体で組立設備設計、車体組み立て工程計画・設備計画、工場企画、生産準備業務になど主に新車の生産準備業務に従事し、最後は生産技術部長を務めたのち1991年1月に独立したばかりだった。そこまでのキャリアがあるのに定年前に独立した例は、トヨタグループでは初めてのことだったという。下山の指導は正式には6月からと決まったが、事前調査をしておきたいと4月にサンデン寿工場を訪れた。そのときの衝撃を、下山はこう語っている。

「初めて寿工場を見たときの第一印象は、『トヨタとは正反対！』というものでした。こんな世界があるのかって、驚きました。モノづくりというのは、みんなトヨタのような作り方をしているのだろうというふうに思ったんです。ところがサンデンさんは、どちらかというと電機業界、電機の世界なんですね。電機の世界というのはロット生産が中心なんですね。ぼかーっと作って溜めておいて売るんです。そういう世界に入って、TPMをどう展開すべきか、ちょっと深刻になりました。

僕なら工場がこうある、そうすると一番大事なラインを真ん中に通すんです。それは物流を考えながら通すのですけれど、サンデンさんは大事なラインがぐるりと壁のほうに回っているのです。だから資材供給は一方向から供給しなければならず、銀座の一等地のような真ん中のところが空いているんです。なんで空いているかというと、ここは未完成製品がいっぱい出るわけです。あの部品が足らないあれがやり直せ、その修正場になっているわけです。一等地を修正場にしてしまっている。そこからいろいろな不都合が生まれていることは一目瞭然です」

下山によれば、そんな寿工場の改革のためにまず目標に掲げたのが、「直行率の改善」だったという。直行率とは、組立ラインで生産する製品が品質検査をパスし、そのままお客さまに納入できる状態にまでもっていける率のことである。つまり、100台つくって100台すべてそのまま納入できれば直行率は100％。50台納入なら50％となるが、現状はあまりに低くて、未完成製品の山が工場の中央部を占拠していた。これを少しずつ改善していくという目標を立てたのだ。

その方法論として、下山は「設備をきちんと動かす」ことから始めようとした。不思議なことに、当時の寿工場では設備が一日中動かなくても工場長は知らないですんでいた。これが下山のいたトヨタグループのメーカーなら、ラインが止まると15分以内に工場長が飛んできたところだ。彼我の差は、あまりに大きかった。

設備の動かない理由を現場に尋ねると、「変な設備や技術を入れるから動かない」などと言い訳をする。またある製造課長は、いま毎日3時間も残業しているのに、どうやってTPM活動の時間を捻出するんだと反発する。そこで実際に作業時間を計算してみると、3時間の残業は必要なく、定時でできることがあきらかになった。そのことを伝えると、課長は、今度は部品がきちんと届かないから作業が滞ると言い訳した。

そこで下山は、納期の遅れがちな会社のワースト3を聞き出して、それらの会社を訪ねてみた。その結果、わかったのは、購買からの発注情報が組立ラインの要望と食い違っていたことだ。組立ライン側はA部品がほしいのに、購買からの発注はB部品になっていたりする。下山は工場長に「購買は伝票を通すだけにして、部品の発注は生産管理から直接したらどうか」と提案した。

この提案を工場長が受け入れると、部品は組立ラインの生産計画に沿ってスムーズに納入されるようになった。これで残業をする理由がなくなった。そう思ったら、製造課長が困った顔をした。残業は現場作業者にとって結構な収入になっていたので、なくなると部下がいい顔をしてくれなくなる、というのだ。だから無理やり残業を許していたのである。

こういうことは下山にもかつて身近に経験したことがあった。トヨタ車体時代、仕事のできない人間ほど残業が多くなり、収入も多くなったということがあった。できる人間はさっさと仕事をこなすので定時に帰る。だから相対的に収入が少なくなる。矛盾である。

当時のサンデン労組は戦闘的な全国金属の傘下にある、非常に強い組合だった。残業は労働強化だと批判しつつも、残業を含めた合計賃金が減ることには反対だった。それでも、下山が現場に対し粘り強く交渉していくうちに「先生の言うとおりだ」と前向きになり、およそ半年かかって3時間残業を撤廃することができた。

始業ベルから15分以内で準備を終了させる

このほか、ラインの作り方も、それまで全部1本に直結していたのを改善して稼働率を上げることを目指した。直結した1本のラインだと、たった1箇所でトラブルが起きただけで全体が止まってしまうからだ。

トラブルといえば、始業時に全部で7組あるラインのうちの1組のスタッフが遅刻のため揃わず、ラインを動かせないということも日常的に起きていた。また作業開始は8時半の決まりなのに、ラインが動き出すは9時過ぎという事態も毎日のように起きていた。そのことを下山は、こう語っている。

「要するに、甘かったんですよ。8時半に始業ベルが鳴る。そこから部品を集めたり、道具を用意したりと準備をすると、もう9時過ぎになっちゃう。ひどい時には9時半くらいにやっとラインが稼働わけです。8時半にちゃんと来ない習慣を直すには、一年くらいかかったかな?工場長と課長に話をして、最初は9時には必ずラインを回すようにしようよと。それから8時45分に回すようにしようと。8時45分になったら全員スタートラインにつける自分の持ち場につけるようにと、繰り返し話をしました。

そのとき私が言ったのは、みなさんはプロでしょ。プロ野球選手がプレーボールと告げられてからのこのこ集まってきますか? みんなそれなりに前もって練習して準備をして体調も整えて、はいプレーボールとなるでしょう。会社でも同じじゃないですかということでした。

ところが、準備も含めて仕事は時間内でやるべきだと反対するのが全金労組の思想なんです。結局、労組の手前があるから、8時半前に準備を始めることはできないということで、始業時間から15分を準備・段取りに充当し、8時45分になったら、とにかく強制的に工場長がラインを動かすボタンを押すことにしたんです。それで止まることがあると、どの持ち場が非常ベルを押したか、準備の悪いところが目立つわけですね。そういうことで8時半から部署に着いて、いままで最大で1時間かかっていた準備を15五分で終わらせることには成功したわけです。それだけでも生産性はかなり上がりました」

こうして部品がきちんと揃い、始業開始時間も守られ、準備や段取りも15分に短縮できて、設備の点検もやるようになったことで、いよいよTPM活動が始まった。TPM活動は小集団チームで自分の担当設備について点検・改善活動を進める。特別にテーマは決めないが、自分のところの問題点は何かを抽出した結果、まず5S（整理・整頓・清掃・清潔・躾）から始めようということになった。

点検については、絵符を設備の問題点に貼っていき、貼り終えたらその絵符を取って、改善に着手していくという活動にも取り組んだ。名付けて「絵符大作戦」。自分たちで治せそうな箇所には白絵符を貼り、自分たちでは手に負えないので生産技術の担当者に頼みたいという箇所には赤絵符を貼るという活動である。赤絵符が貼られれば、生産技術の担当者はすぐに駆けつけて処置をしなければならないという約束だ。

これらを地道に1年、2年と続けていくうちに、直行率は上がり、ラインの稼働率も上がり、生産性も上昇した。真ん中のスペースも見違えるようにきれいになったという。

その結果、それまでできるだけお客さまを工場に連れてこないようにしていた営業も、積極的に連れてきて見てもらうようになった。お客さまもよく知っていて、こんなにきれいになったのか驚きの声をあげ、その場で注文をしてくれるケースも増えたという。ＴＰＭ活動が営業的なイメージアップにも貢献したのだ。

いちばん悪い部分を改善すれば全体に波及効果

ＴＰＭで寿事業所をここまで改善した下山について、前述の和田はこう評価している。「ＴＰＭを始めるにあたって、下山さんはまず清掃が大切だということで、１０分間ラインを止めてほしい、止めて全員で清掃しますと言った。営業は納品が間に合わなくなる、外からきた人がラインを１０分間も止めるなんてと反対し、全員が大騒ぎになった。これをマイクさん（牛久保元会長の愛称）がバックアップして、やることになった。下山さんは１０分間止めたって生産数は変わらないと言っていたが、実際その通りになったし、それどころか、むしろ生産数量が上がってきた。これにはぶったまげた。

それから下山さんは、機械設備ごとのチームをつくり、小集団活動をやろうと提案した。残業代出しますからということで。前にもそういう実績があったからやることになった。それでTPM活動が地についた。それまでサンデンでも偉い人がくるとかお客さんがくるとなれば、掃除はしていた。ちょっと片づけてきれいにする。でも2、3日でもとに戻ってしまっていた。

ところが、TPMでは、1日目、2日目、3日目と毎日データを取る。どういう品物がどこからはみだしていたか、どういうゴミがどこにいくつ出たか、など全部を記録する。その記録をもとに、なぜ部品がここに移動したのか、なぜこの作業者はこの部品カゴを動かしたのかなどをチェックし、科学的にアプローチして原因を探る。まさに、清掃をサイエンスするような姿勢で向かっていくんだから、すごいと思った。

下山さんが私に言ったのは、TPMでは生産現場で一番悪い工場から改善する。そうすれば全体が変わるという考え方だった。実際に寿事業所を選んで、整理整頓から始めて、生産性向上を図った。みんながそれを見ている。やり始めたら寿事業所が目に見えて変わっていった。マイクさんもこれはすごいと評価したんです。

マイクさんは毎週のように顔を出して見守っていたんだから、これだと思ったんでしょうね。取締役会で提案して、改善された寿事業所を全社に見せようということになった。九州から北海道まで、多くの社員に寿を見学させた。

これで最も大きな影響を受けたのが八斗島なんですよ。八斗島はもともと寿より良好だった。それでも床には油がダーッとあった。機械工場というのは、油が床にゴチャゴチャあるのが普通だという考え方だった。ところが寿が変わっていった。その姿を見た八斗島の所長とか部長には大変な驚きになった。それで八斗島事業所にも火が付くんですよ。最悪のところから始めようという提案がこうして花開いた」

下山の指導したＴＰＭ活動で見違えるようにきれいになった寿事業所の姿は、和田が長年夢見てきた光景でもあった。和田は、それが現場の小集団活動によって支えられていることも嬉しかった。現場のチームで仕事のしやすい環境づくりに主体的に取り組む。和田は、この現場からの改善活動の盛り上がりと、トップが先頭に立って品質改革に取り組む姿勢の双方が響き合って、事業所全体が改革に向かって歩み始めたのを実感した。そういうことなら、ＴＱＣとＴＰＭを一つにした、もう一段階上の品質管理に向けた枠組みができるのではないか、そういう時期を迎えていると思った。

第5章

STQM活動の体系化

ＴＰＭとＱＣサークル活動の同時活用

製造部門に導入されたＴＰＭは、プラント設備の日常的な点検・管理を中心とする活動である。それは現場の作業者に、いわば道具としての機械設備を使いこなす職人たるべく「良い仕事の習慣」を刷り込んでいくチーム活動といってもよいかもしれない。この点は「ＱＣ７つ道具」など統計学の基礎的な知識と手法を使って問題点を発見し分析していくＱＣサークル活動と、似ているようでやはり異なるところである。このため、製造の現場ではＴＰＭのほうが受け入れやすいという要素もあった。

この二つの改善活動を、現場はどのように受け入れて折り合いを付けていたのか。前出の和田は次のように述べている。

「そこは微妙なところなんだ。最初、社内的には、ＴＱＣを始めて間もないのに今度はＴＰＭだって！と。じゃあＴＱＣどうするんだ、という問題になっちゃった。ＴＰＭは見ただけで経験していないわけです。取締役会議でもやや問題になっちゃって、管理職の間で議論が巻き起こった。でも、やり始めると目に見えて作業現場がきれいになり、機械の保守・点検がゆきとどくので生産性も上がってくる。これで納得するようになった」

ＭＡＲＰ（経営管理者による小集団経営革新活動）の開始

もう一つ、和田の話に出てきた「課長の小集団活動」は、「アクション２１」の始まった当初にはなかったもので、１９９２年にスタートした経営管理者をメンバーとする小集団活動「ＭＡＲＰ（Management Revolution Project＝マープ）」に付け加えるかたちで翌年の１９９３年から実施されたものだ。「アクション２１」推進事務局を担当した深澤行雄によれば、その経緯はこうである。

「経営会議で当時宇敷昭二総務本部長が『アクション２１』というＱＣサークルが全社全部門でスタートしたあとで、いろいろ実際に活動をやる人たちから『どうして課長はやらないんですか』と『私たちだけがなんで苦労するんですか』というような素朴な疑問がいっぱい出てきたんです。実際にマイクさんがいろんな場面で管理職だとか上級管理職の報告を聞いていると、『ＱＣサークルのほうがうまく報告しているよな』と言う場面に何回か遭遇しているんですって。そのときの話では、マイクさんが管理者に対して、『ＱＣサークルのほうが良い報告をしてくれる、なんで君たちはそんなに下手なんだ』というような発言があったと。そういうことを受けていっそのこと課長も小集団をやったらどうだというような雰囲気が出てきて、宇敷総務本部長が、『深澤くん、幹部の小集団を考えなければいけない』と言ってきたことから、経営革新プロジェクト「ＭＡＲＰ（マープ）」と名付けた管理職クラスの小集団活動がスタートしたんです。

ＭＡＲＰは、最初は部長職以上でやるものでした。それがスタートしたあとで、じゃあ課長はしなくていいのと。課長はＱＣサークルの指導支援をやるから課長はいいんだよという設定をしたんですが、そうはいったってほとんどやっていないんだから、そんな甘やかしていいのかというような話になって、では課長もさせましょうということになり、課長のところはミドルマープ、Ｍマープという名前をつけて、ＭＡＲＰより1年遅れて実施されたんです」

深澤が述べた経営革新プロジェクト「ＭＡＲＰ(Management Revolution Project＝マープ)」のチームは、組織横断的に編成されている。

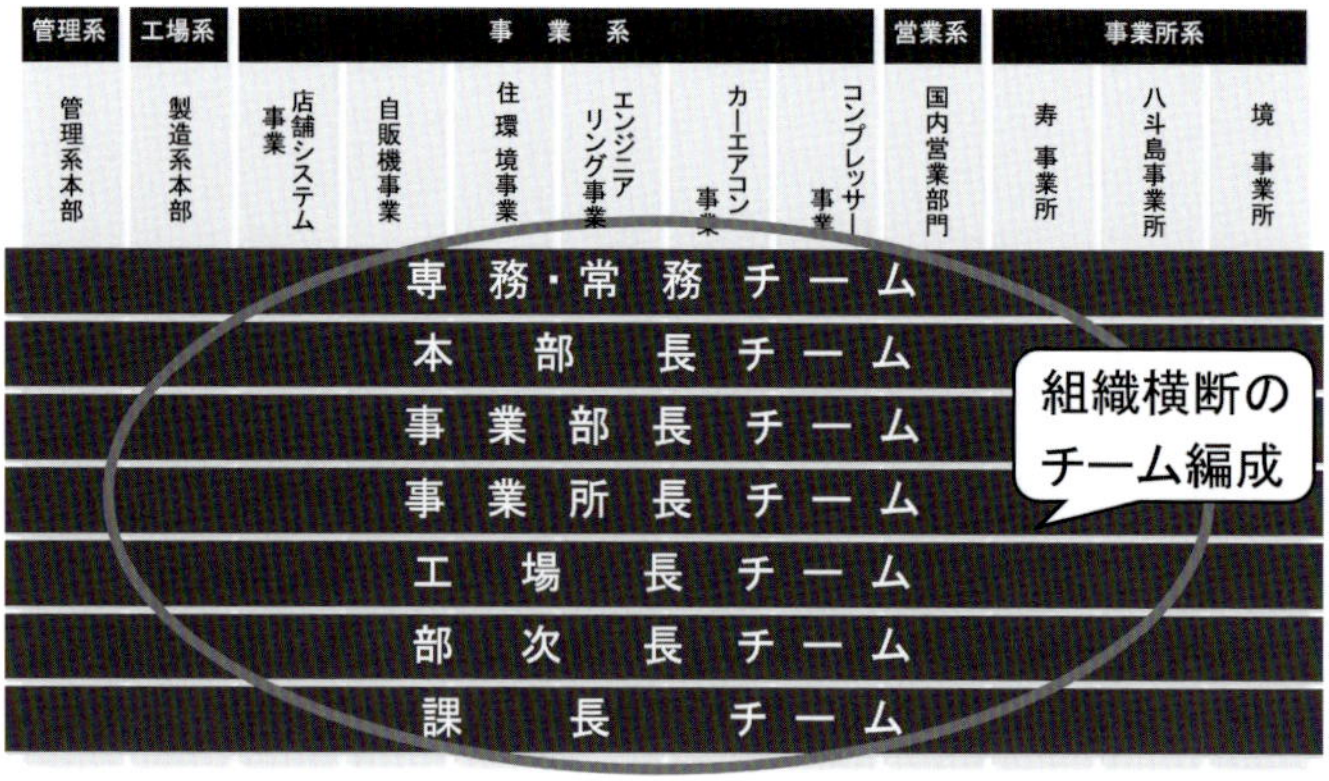

図－3　マープ階層別チーム一覧

当初は専務・常務、本部長、事業部長、事業所長、工場長、部次長の各チームでスタートしたが、これに課長チームが加わった。メンバーは基本的に1チーム10人以内とし、名前を連ねるだけの人が現れるのを防止しようとした。1992年のスタート時には、全部で26のチームが誕生している。

マープ活動では年2回（半年に1回）、発表会を開くことが義務づけられ、不慣れな経営幹部たちは最初、誰もがとまどったが、発表会を重ねるうちに自分の仕事以外の会社の課題を学び、部門を超えた連帯感が醸成されていったという。経営幹部の小集団活動は他に例はなく、サンデン独自の小集団活動として注目された。小集団活動を企業間競争に勝ち抜くための手法して重視とする経営トップの意向がよく表れたやり方だといえる。

TPMで「現場が主人公」という意識が定着

一方、「アクション21」開始の2年後（1991年）にキックオフした製造部門のT

PM活動は、その後、どんなステップをたどったのか。当時、TPM活動の事務局として、外部の指導講師が来社するときの準備やお世話、スケジュールの作成や各部署との連絡など裏方仕事を担当した柳沢三千代は、TPMの導入で変わっていった現場の様子を次のように話してくれた。

「私は18歳で職場に入り、製造現場が長くてランプ、冷蔵冷凍ショーケース、ストーブ、自動販売機と異動し、15年くらいいました。そういう経験がありましたから、現場の人の気持ちを上の人たちやTPM指導の先生方に繋いでいくパイプ役の仕事をしてきました。指導会のときは先生について回って、先生に直接文句を言えないところは私なんかに多少愚痴をこぼしてくれたりとか、そういうのがあるんです。私も現場を見ているし、先生が言っていることが前回と今回と違うなというのも感じたりとか、これは現場に言っても伝わらないなというのも見ていてわかりますよね。あとは次の指導会のときに現場が言われたことをやっていないとか、進んでいないという問題があるんです。だから指導会の前には現場へ行って見てどのくらい活動板の中で進んできているか、あとは組長さん、係長、課長なんかにその辺の情報を聞かせてもらったりしました。

昔は、現場の側には、品質管理の担当者に対して、ある思いがありました。例えばラインで流れていた製品に何か問題が起きたとき、品質管理の方が来て「これ出荷停止」と止めますよね。その後にいろんな人がわいわい来ます。そのときの処置の仕方、現場の人に対する対応、そういうものが非常に下手なんです。もう少し説明をしてどこの部署の責任なのかを明らかにしてほしい。例えばビスの打ち損じで大事なところを流してしまったといった場合は、もちろん現場の責任です。ところがそうじゃなくて設計的に問題があるとか、作業手順の不具合とか、そういうところに問題があった場合でも現場に責任を押し付けるようなところがあって。そういうのに現場の人たちは結構冷静で、品質管理の担当者には、『何をやっているんだ』という感覚がありましたね。出荷停止になって、倉庫へ行って直したこともありました。そういう現場の苦労はものすごくありました。

品質管理の担当者からなぜ不具合が起きて、その責任はこうだと明確に説明があり、それで現場に作業をお願いしますというようなストーリーが、昔はできていなかった。それがＴＰＭをやり始めて現場の理解力が高まったこともあって、仕事のやり方、問題処理の仕方など、だんだん明確になってきて、標準化も現場の人でも書けるようになりました。そういうことをしながら、きちっとやるべきことを整理して順番にやっていくというので、だんだん良くなってきました。現場の力、現場力が上がったというのでしょうか、仕事の環境もそうなんですけれど、最終的には現場が自分で不具合を解析して、設計まで提案できるような力をつけていった。絵符付け大作戦じゃないですけれど、そういうところから自分が仕事の主人公という意識を身につけていく、というステップに上がっていったんです」

ＴＰＭの指導講師には、前述の秋月教授、下山講師のほかに、もうひとり、日産自動車出身で後にＪＩＰＭソリューションの副社長を務めた中野金次郎講師が加わり、月例の指導は下山講師が寿事業所と境事業所、中野講師が八斗島事業所の指導を引き受けることになった。秋月教授の特別指導は、これまでどおり月例指導とは別のかたちで随時行われた。指導が進むにしたがって、ＴＰＭはサンデンの製造部門にしっかりと定着し、５Ｓはもとより、生産性の向上にも貢献することになった。

ＳＴＱＭ導入宣言——マネジメント品質の向上をめざして

「アクション２１」の小集団活動と、ＴＰＭ活動が両輪で動きだし、それぞれに成果をあげていくなか、和田たちは次のステップとして「ＴＱＣの導入宣言」が必要ではないかと考えるようになった。しかし、そこに踏み込むことについては、牛久保雅美社長（当時）が慎重な姿勢を示していた。経営陣のなかで先頭に立ってＴＱＣ導入の旗を振った牛久保だったが、のちにデミング賞本賞を受賞したときの挨拶のなかで、その時期を振り返って、躊躇した理由をこう語っている。

「ＴＱＣ指導会が進むに従い、『ＴＱＣ導入宣言』をどうするか考えたが、経営と品質管理がＴＱＣという字句では表現できないため、思い悩んでいた。ところが１９９０年代の初め頃、どこからともなくＴＱＭという言葉が聞こえてきた。自分が考えていたＴＱＣとはＴＱＭのことだと感じた」

牛久保は、１９８９年に社長に就任したが、その年に中期ビジョンと中期計画をまとめ、９０年４月から会社の全部門で取り組む小集団活動（ＱＣサークル活動）と提案制度を組み合わせた「アクション２１」をスタートさせた。企業理念を実現し、企業間競争に勝ち抜くための手法として提起した「アクション２１」だったが、その本質はボトムアップのＴＱＣであることに変わりはなかった。

ＴＱＣ（Total Quality Control＝総合的品質管理）は、製品の不良をなくし、品質向上を図ってゆくうえではたしかに優れた手法だが、主体は現場の自主的な活動である。このため、会社の経営理念やビジョン、経営目標や経営戦略などを全体に徹底させ、マネジメントの質を高めていくという点では、何かひとつ足りないものが感じられて、牛久保はさらなる一歩が踏み出せないでいたのだ。

ところが、１９９０年代に入るとＴＱＣの進化バージョンとしてＴＱＭ（Total Quality Management＝全社的品質経営）という概念が語られ始めた。１９８０年代、強い競争力を持つ日本企業に刺激を受けた米国の製造業では、日本の製造業を研究し、日本のＴＱＣ活動を学ぼうとする気運が高まった。だが、現場主導の改善活動はどうしても米国企業の体質に合わず、ＴＱＣを基盤としながらもトップダウンで経営方針を現場に徹底していく経営品質向上の活動体系が考案された。それがＴＱＭだった。

ＴＱＭは、バブルが崩壊し、グローバル化の波にさらされた１９９０年代初頭の日本の産業界にも逆流して、大手企業を中心に取り入れられるようになったが、牛久保雅美社長（当時）はそれ以前から情報をキャッチしていたのだ（ＴＱＣの総本山、日本科学技術連盟がＴＱＣをＴＱＭと改名すると発表したのは、ずっと後の１９９６年のことである）。

そんな折、日本経済はバブル経済の崩壊と円高時代に突入し、サンデンの業績にも深刻な影響を及ぼしていた。実行計画の達成率が低下し、１９９３年には中期経営目標と実績とが大きく乖離するという事態が起きた。この危機を乗り越えるため、牛久保社長が指示した対策の一つは、方針管理を本格的に導入することだった。

方針管理は、ＱＣ指導会で下山田講師がコマツの経験を基に事業部や営業部門などで定着させようとしてきたが、これを全部門で本格的に展開することとし、方針管理の仕組みや問題解決の手法の充実、業績評価システムの改訂、計画内容の充実などを図った。

方針管理の仕組みを円滑に稼働させるには、経営幹部が全社課題を共有化し、十分な役割認識のもとに部門の方針を設定することが重要になる。そこで経営幹部会で「方針管理導入宣言」を発表するとともに、経営会議やこの年から設置した部門計画の社長報告会においても繰り返し経営方針の周知徹底を図った。図―４はその方針管理体系の概略だが、主な充実事項は枠内に示したとおりだ。

そうした準備を整えたうえで、翌１９９４年の９月、牛久保雅美社長（当時）は、満を持して「ＳＴＱＭ（サンデンＴＱＭ）導入宣言」を発表した。ＳＴＱＭは、単なるＴＱＭではなく、「サンデン独自の方式のＴＱＭである」という思いをこめてのネーミングだった。当時、日本ではまだＴＱＭについての確定した定義がなかったなか、牛久保社長はＳＴＱＭを、この導入宣言でこう定義している。

「ＳＴＱＭとは、個々のマネジメント品質及び結果品質を徹底的に向上させて、２１世紀に繁栄する会社を創り上げるため、毎日、毎日の創造改革努力を積み重ねる行動である」

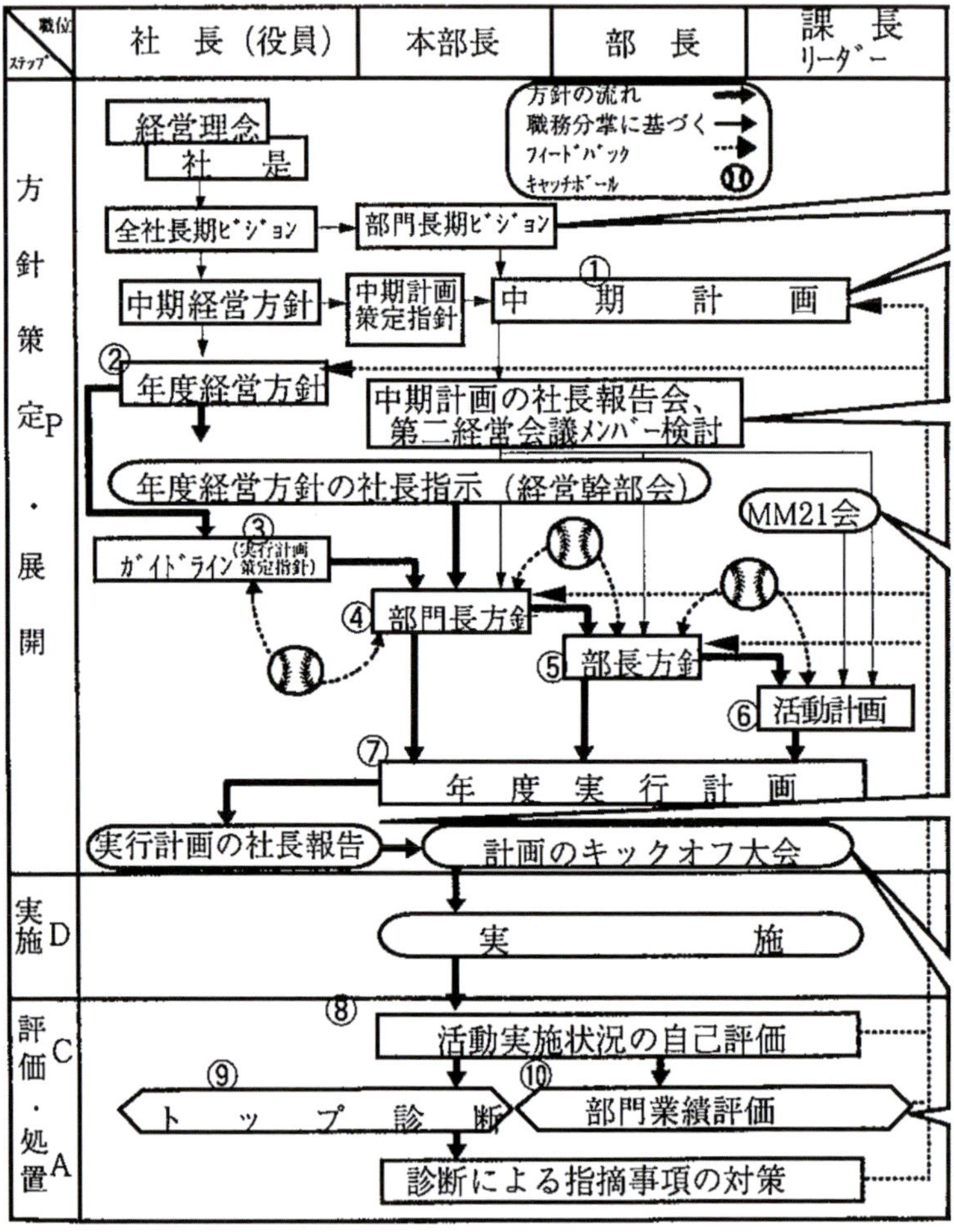

職位
ステップ
社　長（役員）
本部長
部　長
課　長
リーダー
方針の流れ
職務分掌に基づく
フィードバック
キャッチボール
経営理念
社　是
全社長期ビジョン
部門長期ビジョン
中期経営方針
中期計画策定指針
①中　期　計　画
②年度経営方針
中期計画の社長報告会、第二経営会議メンバー検討
年度経営方針の社長指示（経営幹部会）
MM21会
③ガイドライン（実行計画策定指針）
④部門長方針
⑤部長方針
⑥活動計画
⑦年　度　実　行　計　画
実行計画の社長報告
計画のキックオフ大会
実　施
⑧活動実施状況の自己評価
⑨ト　ッ　プ　診　断
⑩部門業績評価
診断による指摘事項の対策
方針策定P・展開
実施D
評価C・処置A

図－4　方針管理の仕組み

ここでいう「マネジメント品質」とは、全社員一人ひとりの仕事のやり方・プロセスのことを指す。そこに貫かれているのは、次の考え方だ。

・社長のマネジメントが良ければ会社が活性化される
・事業部長のマネジメントが良ければ事業部が活性化される
・事業所長のマネジメントが良ければ事業所が活性化される
・本部長のマネジメントが良ければ本部が活性化される
・部次長のマネジメントが良ければその部が活性化される
・課長のマネジメントが良ければその課が活性化される
・個人個人のマネジメントが良ければその人が活性化される
・一人ひとりが個々に活性化していれば会社も事業部も活性化される

また、「結果品質」とは、全社員一人ひとりの仕事の成果であり、その仕事の成果は会社の利益につながる。「創造改革努力」の創造とは新しいこと、オリジナリティであり、「改革」とは今までのやり方を変えること、変化に対応することである。「努力」とはすぐ行動し、汗を掻いて継続すること。「毎日、毎日」とは繰り返し愚直に継続することであり、「積み重ねる行動」とは同じことの継続ではなく、今までより良くする活動のこと。ＰＤＣＡ

によるスパイラルアップをすることである。また、すべての全社的行動はＳＴＱＭに包摂され、また企業理念体系のなかに位置づけられるとされた。

この定義により、①中長期計画及びその実行、②ＴＱＭ活動、ＱＣ指導会、トップ診断、小集団活動、提案制度、③ＴＰＭ活動、５Ｓ活動、④ＩＳＯ取得・実施、⑤経営革新プロジェクト（ＭＡＲＰ）、収益構造改革、⑥諸教育、などの活動はすべてＳＴＱＭに包摂されるものとされた。

これらの全社的活動とＳＴＱＭとの関連を示したのが、図―５である。ここでは、ＳＴＱＭの考え方を登山に準えて表現してある。登山という行動は、エクセレンとカンパニーという頂上の目標に向かうＳＴＱＭ活動であり、ＴＱＭやそこに包摂される全社的活動は、いわば登山の科学であり、技術に相当するもので、目的と手段の関係にあるといってもいいだろう。手段は有効性のあるものなら、何でも、いくつでも同時に使っていこうという発想がその根底にある。

このように、ＳＴＱＭはサンデンの長期的な経営目標とも密接に結びついたものであるため、その全体の推進は経営組織（総務部）で担当することになった。

ＳＴＱＭの一環として進めたＩＳＯ（品質・環境）の取得活動

ＳＴＱＭの一環として進められた全社的行動の一つ、ＩＳＯの取得・実施は、品質ＩＳＯと環境ＩＳＯの二つのシリーズに分かれる。ＩＳＯ（International Organization for Standardization）はジュネーブに本部を置く国際標準化機構で、ここが１９８７年に定めた品質ＩＳＯ－９０００は、「品質管理及び品質保証に関する国際規格」として世界中で受け入れられた。すでにカーエアコンやコンプレッサーを中心に欧米の自動車メーカーに納入実績を積み重ね、自動販売機でも欧米に拠点を置いていたサンデンも、グローバル戦略の一環として、これを受け入れ。１９９５年、八斗島事業所を対象にＩＳＯ９００２の認証を、続いて翌年にはＩＳＯ９００１を取得した。

さらに、１９９７年には環境管理・監査に関する国際規格ＩＳＯ１４００１の認証を取得した。この規格は、ＥＵで１９９３年に法制化された環境管理・監査スキーム(ＥＭＡＳ)の影響を受けて誕生した。ＥＭＡＳはＥＵの各企業に対し環境方針の設定、環境管理システムの導入、環境監査の実施のほか、汚染物質排出量，原料やエネルギーの消費量、騒音などの環境声明書諸の公表を求めている。ＩＳＯ１４００１の構成内容も、ＥＭＡＳを踏まえてつくられている。

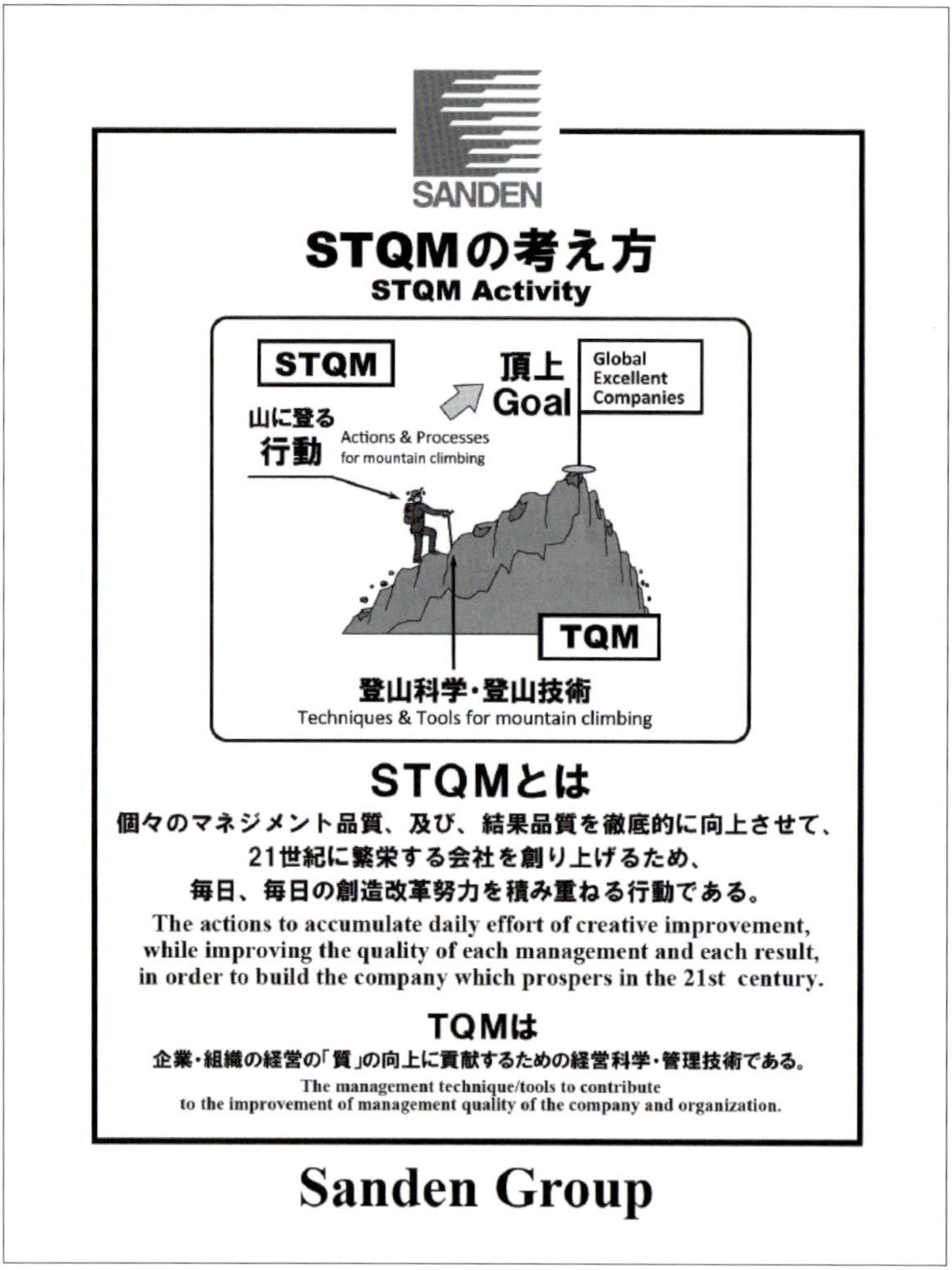
SANDEN
STQMの考え方
STQM Activity
STQM
頂上
Goal
Global
Excellent
Companies
山に登る
行動
Actions & Processes
for mountain climbing
TQM
登山科学・登山技術
Techniques & Tools for mountain climbing
STQMとは
個々のマネジメント品質、及び、結果品質を徹底的に向上させて、
21世紀に繁栄する会社を創り上げるため、
毎日、毎日の創造改革努力を積み重ねる行動である。
The actions to accumulate daily effort of creative improvement,
while improving the quality of each management and each result,
in order to build the company which prospers in the 21st century.
TQMは
企業・組織の経営の「質」の向上に貢献するための経営科学・管理技術である。
The management technique/tools to contribute
to the improvement of management quality of the company and organization.
Sanden Group

図－5　STQMの考え方

［ＩＳＯ１４００１の構成事項］

①一般の人が実行可能な『環境方針』を定め、全従業員に周知する

②組織の環境側面、法的要求事項、汚染の予防を配慮した環境目的・目標を設定する

③環境目的・目標を達成するためのプログラムを策定し、実施責任者を決め、各部門、階層ごとに実施する

④環境マネジメントシステムが適切に実施されているかの監査を定期的に実施する

⑤監査結果、周囲の状況の変化、目標達成度などを検討し，環境マネジメントシステムを見直す

サンデンは、すでに１９９３年にボランタリープランとして環境への取り組みを宣言した「サンデングループ環境憲章」を発表していたので、ＩＳＯ１４００１の認証取得にも素早く対応することができた。１９９６年１０月から準備に入り、半年後には２００ページに及ぶキングファイルを作成し、日本品質保証機構から適合性を認められて認証を取得した。品質ＩＳＯと環境ＩＳＯの認証をともに取得したことのメリットは、「輸出入のビジネスを有利に展開できる」「企業トップの参加を必須とするので社内のベクトル合わせに有効」「外部監査を受けるので、社内の環境管理体制の構築、活性化に有益」「ＰＬ問題、

地球環境問題の社会的責任の遂行に有効」などが考えられる。これまでのグローバルでの環境技術の展開と教育が評価され１９９６年米国環境保護庁のオゾン層保護貢献賞（ＥＰＡ賞）を受賞した。

なお、ＩＳＯ１４００１の取得・実施により環境マネジメントシステムが定められたので、従来の「環境憲章」を改訂し、国内外のグループ企業をふくめてサンデンの環境に対する考え方と環境活動の基本が明示されることになった。今日、サンデンは経営のキーワードとして「品質」「グローバル」とともに「環境」を掲げているが、その活動を定着させるため、１９９７年のＩＳＯ１４００１の取得・実施によってその基盤がつくられたといえる。

第6章
デミング賞への挑戦

全部門で拍車がかかった改革・改善活動

１９９４年9月、社長から一般社員まで、経営のすべてのプロセスにおいて「マネジメント品質」と「結果品質」を向上させようという「ＳＴＱＭ導入宣言」を発表してのち、サンデンはその周知徹底と毎日の実践のための仕組みの整備を全部門・全階層にわたって推進した。

まず、管理者には、経営革新プロジェクト活動マープ、マネジメント・スタディ、事業経営研究会、ＭＭ２１会などにより教育活動の充実を図った。

そのいっぽうで顧客が求める品質・価格・納期・サービスの実現を目指して，源流での品質のつくりこみ、技術開発資源の集中、開発・生産リードタイムの短縮、海外生産の拡大、取引先とのパートナーシップの強化、製造基盤整備などを図った。

以下は、その具体的な展開を『１９９８年度デミング賞実施賞受賞報告講演要旨』および『品質管理』１９９９年1月号掲載の「サンデンにおけるＴＱＭの推進」という二つの文献にもとづいて、あらましをまとめたものである。

▼会社方針とその展開――会社方針の徹底とその展開のために重要視したのは、経営目標の達成のための方針管理の徹底である。すでに９３年に経営幹部会で「方針管理導入宣言表し、その充実化を目指してきたが、９４年には「マネジメント・ニュース」を発行し全社的経営重点事項の周知を図り、部門業績評価システムの改訂による内容充実にも着手した。９５年にはＡＢＣ要件表の導入により問題解決プロセスを明確化させ、ミドルの管理者を対象としたＭＭ２１会を設置して課長層への方針の浸透を図った。

さらに９６年には管理職人事考課へのチャレンジシート導入による目標設定と達成評価の充実、経営幹部会を活用して計画基本事項、役割任務、中期課題の再確認を行うようにした。これらの改革の浸透により、９６年度はグループ全体で当初の中期経営目標である売上高税込み利益率５％を達成することができた。９０年代初頭のバブル経済崩壊による業績の落ち込みから立ち直ることができた。

▼人材育成――教育の仕組みの充実と環境整備による自主行動型幹部育成を目指し、管理者層のＭＡＲＰとコンサルタントによるＱＣ指導会を継続したほか、９４年から幹部登用に管理能力向上通信教育の終了を条件化。９５年には寿事業所内にマネジメント・スタディを開設し、中堅リーダー研修に海外事業講座を設定した。９６年には管理能力向上通

信教育を管理職層へ拡大した。幹部・新入社員へのＴＯＥＩＣ受験を義務づけた。

▼グローバル展開と品質保証――サンデンは１９７４年に自動車用機器事業の展開を目的に、米国テキサス州ダラスに最初の現地法人ＳＩＡを設立。その後、カーエアコン用コンプレッサー工場も建設して米国市場への拠点とした。８８年には自動販売機の老舗メーカー、ベンドー社を傘下に入れて、流通システム事業の展開にも力を入れた。

ヨーロッパ市場では、８８年に英国に支店（現在は現地法人ＳＩＥ）を設立し、自動車機器事業を展開するとともに、ベンドー社のイタリア工場を基点に流通システム機器事業を展開。９５年にはフランスに現地法人ＳＭＥを設立し、自動車機器事業の商品供給力を高めた。また、豪州・アジア市場では、７４年にシンガポール支社を開設し、のちに現地法人としたのを橋頭堡に自動車機器事業を展開。８９年にはタイに現地法人ＳＲＴを設立し、ショーケースを中心とした流通システム事業の商品供給力を高めた。

こうして１９７０年代から米国、欧州、豪州・アジアの市場を開拓してきたことにより、日本を含めた世界の四極でトップメーカーとのビジネス取引を拡大し、顧客に対する幅広い商品供給網を構築することができた。

そのいっぽうで、需要変動に対して供給体制が円滑に動かず、ビジネスチャンスを逃してしまうケースや、海外拠点における品質保証の取り組みが弱いといった問題点も浮上し、早急な対応が求められていた。

そこでグループ内の役割分担を見直し、各海外拠点の特徴を活かした経営活動の展開を図ることとし、その一環として、アジア地域ではタイ、マレーシア、フィリピンの拠点を活用してカーエアコンの基幹部品である熱交換器（コンデンサー・エバポレーター）の生産を行うことで商品の供給力とコスト競争力の強化を図った。95年にはSD－5型コンプレッサーの生産を日本から東南アジアへ全面移管した。同じように、米国では94年から主力となるTRコンプレッサーの生産能力増強を行い、97年にはフランスSMEでSD－Vコンプレッサー部品加工を開始した。また流通システム事業では、95年からタイの現地法人SRTでショーケースの生産機能を拡大させ、日本市場向けの自動販売機生産も開始した。

こうした一連の措置により、生産資材の現地調達によるコストダウンができたほか、拠点間の役割分担・生産シェアリング見直しによる生産効率の向上、地域間・拠点間の相互供給体制の充実を図ることができた。

現地法人の品質保証の取り組みについては、国際標準規格の認証取得に向けた活動を積極的に展開した。その結果、品質規格のISO9002の認証を、シンガポール（SIS、

93年)、オーストラリア(SIO、94年)、マレーシア(SYT・SIM、96年)、タイ(STC、97年)、ベンドーイタリア(VDI、97年)の各現地法人で取得した。また、米国SIAでは、米国自動車メーカーのビッグ3の共通規格であるQS9000およびISO9001を96年に取得した。これと並行して95年から自動車機器事業を中心に「国際品質会議」を開催し、海外現地法人に品質保証の方針を浸透させ、品質がいかに重要であるかの認識を高めることができた。

▼国内営業展開とSPM活動 —— 国内営業部門は、全国の販売・サービス・物流網を活用し、関連組織と一体となって地域密着戦略を進め、顧客への階層別アプローチを展開することを基本戦略として全国各地の顧客に商品・サービスを提供してきた。しかし、バブル経済の崩壊による影響もあり、90年代に入ってから売上減少に歯止めをかけることができないでいた。

そこで、これまでの営業活動と体制を見直し、売り方と営業プロセスにも大胆な改善を加えていくことにした。

まず、93年に全国エリアを8ブロックに再編成し、販売体制を固め直した。これにより間接部門の効率化ができ、創出した人員を営業部門へとシフトすることができた。また、

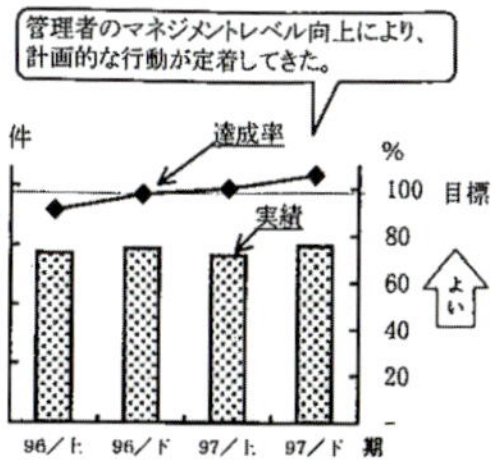

図 6.3.3 1人1ヶ月当り訪問件数の推移（自販機）

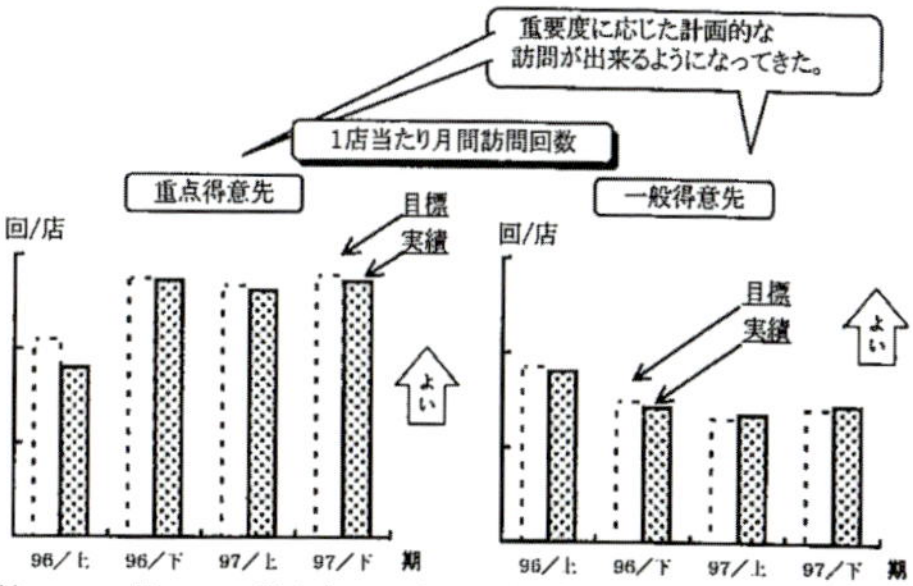

図 6.3.4 得意先月間訪問頻度の推移（自販機）

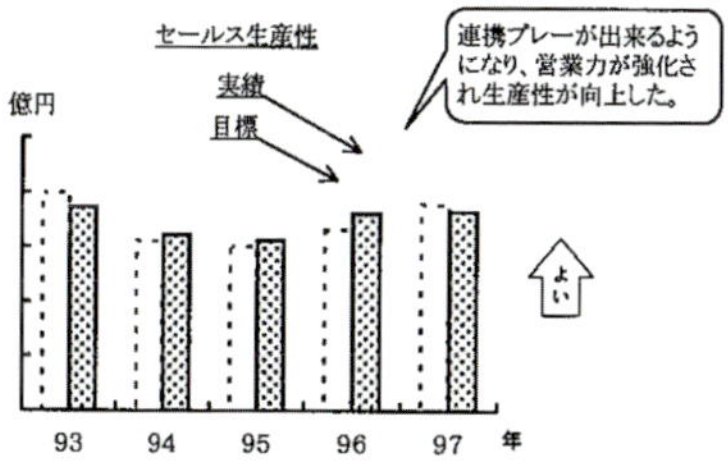

図 6.3.5 セールス一人当たり売上高生産性の推移

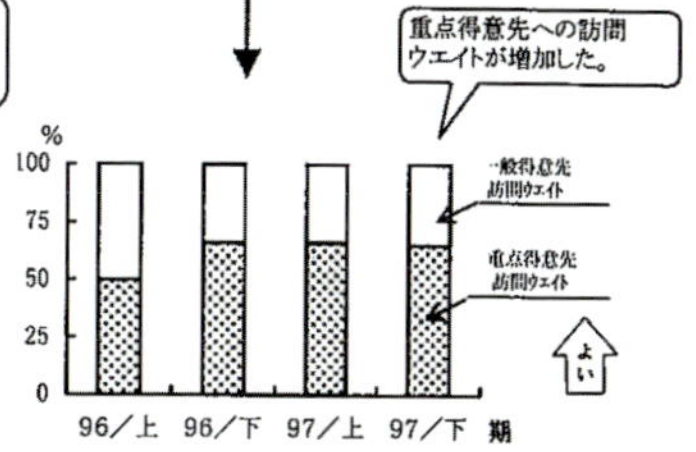

図 6.3.6 重点得意先への訪問ウエイト配分の推移（自販機）

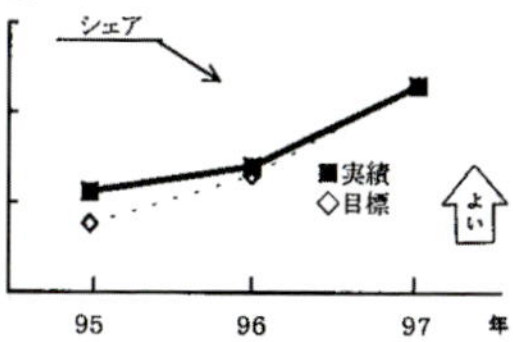

図 6.3.7 C社シェアの推移

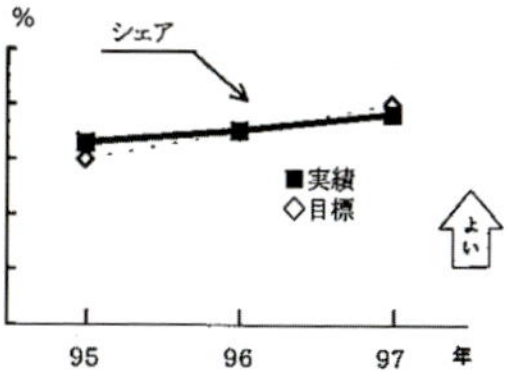

図 6.3.8 S社シェアの推移

図－6　営業活動有効率

従来からあった定温物流市場における「顧客との共同開発」を継続し、配送効率向上と新たなビジネス獲得のため、「ＣＶＳ（コンビニエンス・ストア）の共同配送体制」を確立した。９４年には、業界トップ企業とのビジネス拡大に向けて「提案営業活動」をスタートさせたほか、サービス体制については重点市場であるＣＶＳに対し「２４時間受付サービス」を開始した。９５年にはサービスパーツの直送体制を全国展開。９６年には「３６５日サービス体制」の構築に取り組み、顧客満足度の向上を図るなどの施策を実施した。

もう一つの試みは、「アクション２１」のなかで取り組まれながら中断されていた「ＳＰＭ」活動を再開したことである。ＳＰＭとはSanden Sales Power up Management for Customer Satisfaction（サンデン営業力強化管理システム）の略で、セールス工数を適切に配分して効率的な顧客開拓と受注拡大を目指す活動のことをいう。図－6は、その中心となる考え方を示したもので、営業活動有効率は、行くべきお客さまへ行く（顧客層別管理）×合うべき人に合う（キーマン面談率）×やるべきこと（提案営業など）をやるべき時機にやる、という公式で表現されている。

また、図－7はＳＰＭの実行サイクルを示したものだが、ミニＭＲ（マーケットリサーチ）↓得意先区分↓半期活動計画↓月間訪問計画↓日々管理というＰＤＣＡサイクル

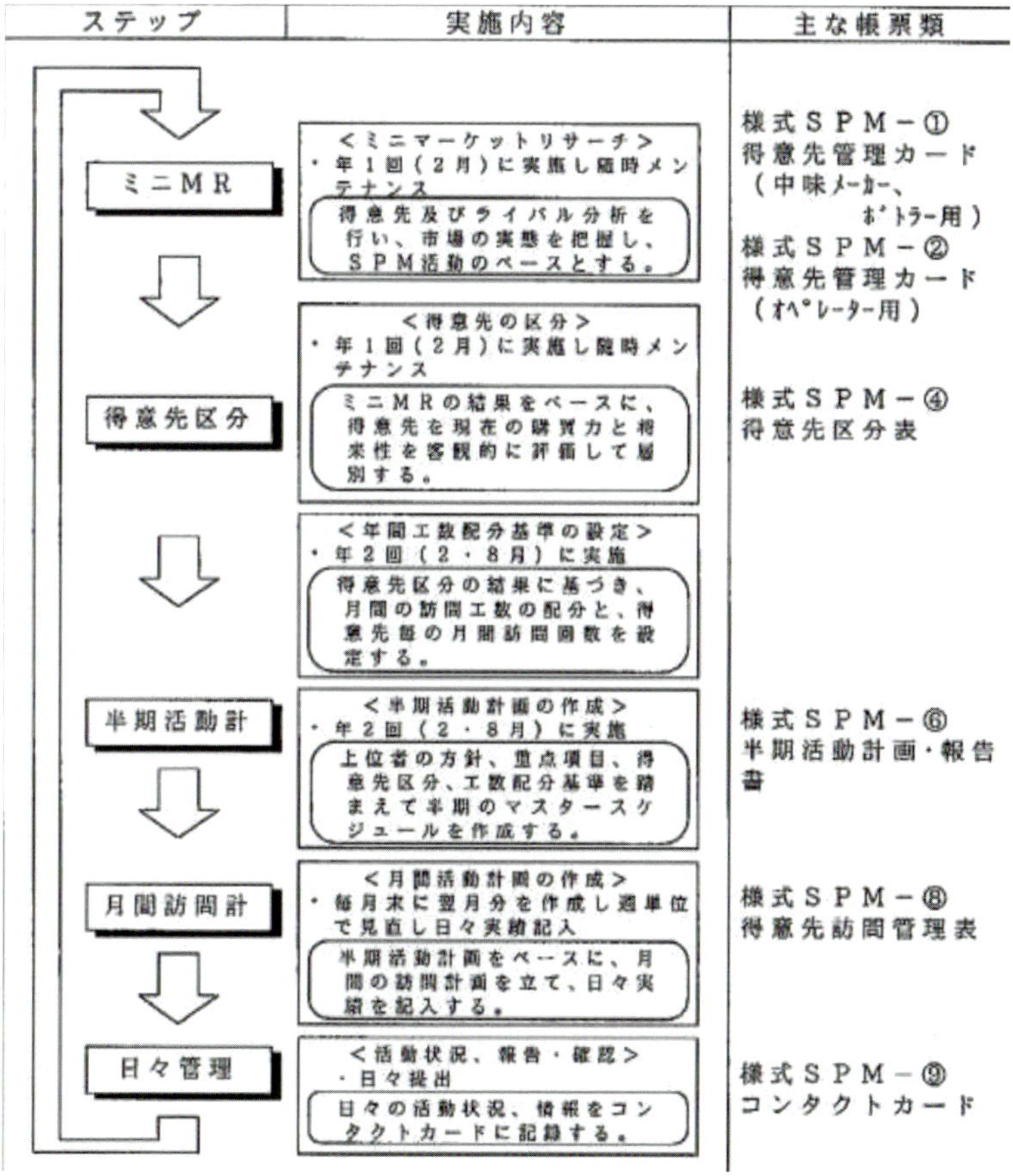

図－7　SPMの実行サイクル

を回して行くなかで、ステップに応じて得意先管理カード、得意先区分表、担当者別得意先一覧表、半期活動計画・報告書、得意先年間活動計画・報告書、得意先比有紋管理表、コンタクトカード、お客さま打ち合わせ記録書といった帳票類が作成され、担当者と管理者、支社・支店と本部とで共有されることになる。このSPM活動は、95年に自販機営業部門を対象に再開され、97年には他の営業部門にも導入され、全営業部門で展開されることになった。

こうした改革によって、計画的に顧客訪問をすることができるようになり、営業活動のプロセス管理が可能となった。その結果、売上減少に歯止めがかかり、95年度から売上拡大に転じることができた。

▼新製品開発とGKS活動――これまで、サンデンは市場をリードできる製品開発を目指して必要な技術の開発と顧客要求品質を十分に繁栄できる新製品開発プロセスに取り組んできた。しかし、STQM導入の時期、新製品開発は、①技術開発資源が分散しているため事業化に結びつく新製品創出に時間がかかる、②新技術開発に向けた取り組みが弱く、新製品に明確な差別化ポイントを織り込みにくい状況がある、③開発期間が長く、顧客要求納期への対応に不十分な面が見られる、といった問題点を抱えていた。

このため、①技術開発資源の配分見直しと集中化により、新製品開発を加速化する、②差別化のための新技術開発、および商品企画への取り組みを強化し、セールスポイントが明確な新製品を開発する、③開発のプロセス充実と基盤整備により、開発リードタイムを短縮することに対策の重点が置かれた。

具体的には、技術者配置分析による技術資源配分の見直し（９４年）、既存事業との採算分離による先行開発テーマへの投資促進（９６年）、新技術・新製品を全社的に推進するＳＴＵ（戦略技術ユニット）制度の導入（９５年）、中長期商品化計画に基づくセールスポイント開発の充実化（９５年）、特許情報システム導入による差別化ポイント抽出の迅速化（９６年）、重点開発テーマの特許管理による指摘財産権取得活動の展開、技術開発部門の再構築活動を「ＧＫＳ活動」として再スタート（９５年）、開発業務のコンピュータ化・自動化などの対策を実施した。

このうち「ＧＫＳ活動」は、技術部門の「再構築活動」としてすでに９３年に開始していた活動を技術部

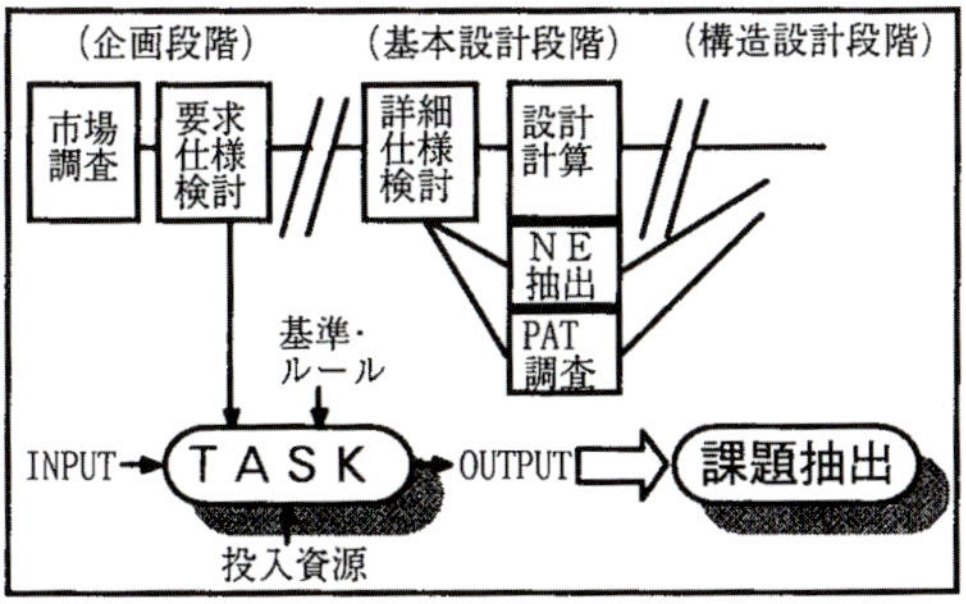

図−8　GKS活動の流れ

門全体に展開するため、９５年からと名称を改めて再スタートしたものだ。図－８はその活動の流れを示している。まずモデル機種を選定し、開発プロセスを個々のＴＡＳＫ（業務）に分解し、ＰＡＲＴ図を作成→各ＴＡＳＫを情報の流れからシステム的に分析し、課題を発掘（改善テーマの発掘）→抽出したテーマを系統図法の一種であるＷＢＳ（Work Breakdown Structure）法によって改善の方法と計画を実行する、という流れである。

この活動の成果は、図－９のように、改善テーマ発掘件数、工数創出時間、開発リードタイムともに飛躍的に改善された。

テーマを系統図法の一種であるＷＢＳ（Work Breakdown Structure）法によって改善の方法と計画を実行する、という流れである。

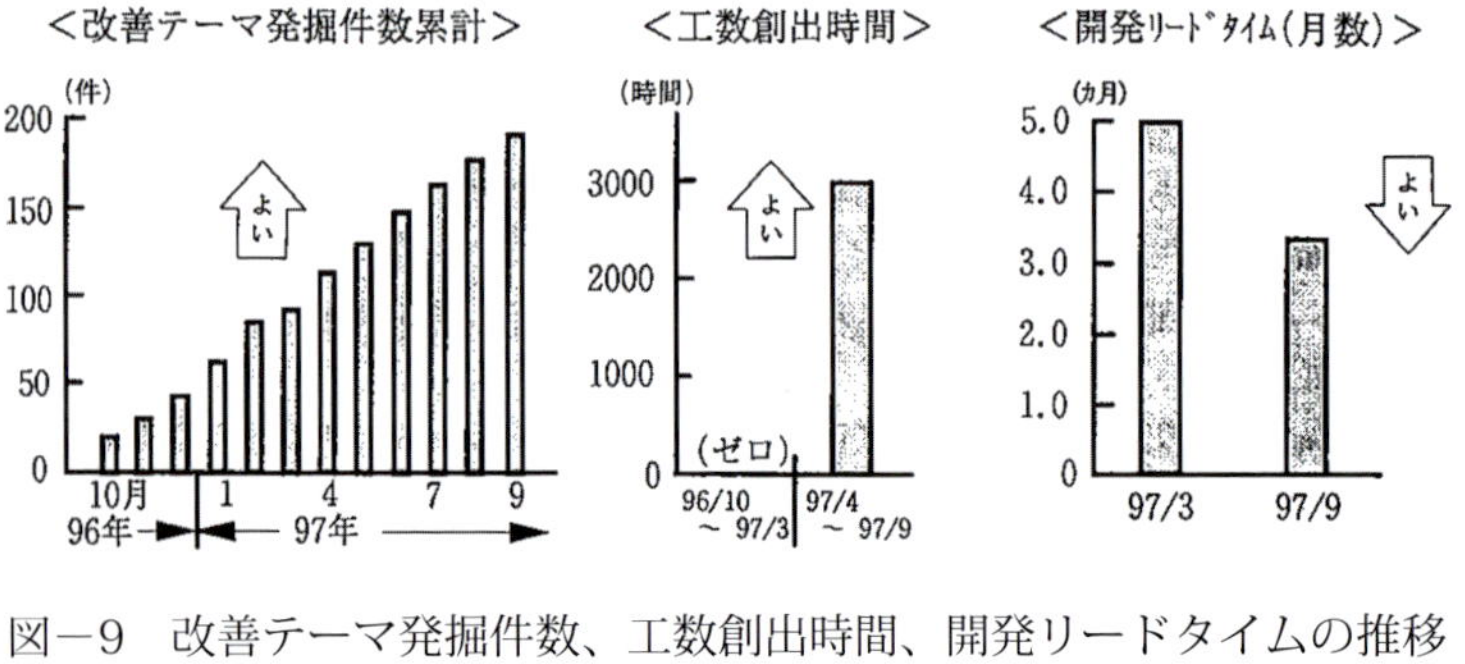

図－９　改善テーマ発掘件数、工数創出時間、開発リードタイムの推移

▼品質保証――サンデンは創業経営者がつくった社是で「顧客のためになるよい製品をつくります」を品質保証の基本的行動指針とし、顧客第一主義の考え方のもとに、開発プロセスでの節目管理の徹底、製造管理の仕組みの充実、クレーム情報早期収集・分析と市場密着の徹底を重点とした活動を展開してきた。とくに品質のつくりこみのための各プロセス充実と節目管理、不良ゼロ認定ライン制度導入による工程能力の明確化、市場の品質情報の分析、そしてQC指導会の活用などにより、仕組みの整備と社員の意識改革の両面から品質向上を図ってきた。

しかし、ＳＴＱＭの導入時は、品質をつくりこむための開発プロセスが十分でなく、開発・製造の後戻り工数が発生していた。納入部品や工程内の品質にも問題が多く、製造部門での生産性を阻害していた。また市場での品質不良の発生や対策の遅れに対する認識もまだまだ弱かった。

そこで、①源流での品質つくりこみと節目管理をさらに徹底し、新製品品質を向上させる、②製造管理の仕組みを充実し、品質を向上させる、③市場情報の早期収集・分析と市場密着により、顧客第一主義を定着させる、三つを重点目標とし、改善に取り組んだ。

具体的には、①では、新製品の初期流動管理を実施し、初期クレーム対策の迅速化を図った（９４〜９５年）、品質表活用による設計品質向上（９４〜９５年）、新規・変更確認項目一覧表による事前検討の充実（９６～９７年）。②では、変更点管理による工程内不良の未然防止強化（９４～９５年）、ＤＲチェックシートによる設計段階でのモノづくり品質向上（９６～９７年）、不良ゼロライン認定制度導入による工程レベルの明確化（９６～９７年）。そして③では、ＦＯＣＵＳシステム活用による品質改善・顧客要求対応の迅速化（９４～９５年）、ＩＱＭによる市場情報の共有化（９４～９５年）、ＭＣＳ ｓｙｓｔｅｍ構築による製品ライフサイクル管理の充実（９６～９７年）などの活動を重点的に行った。

　これらの改善により信頼性評価と品質保証の仕組みが充実し、顧客ニーズを先取りした品質保証が充実した。その効果をグラフ化したのが図－１０である。初期クレーム、製造工程内不良率、顧客流出不良率は、いずれも９２年当時と比べる

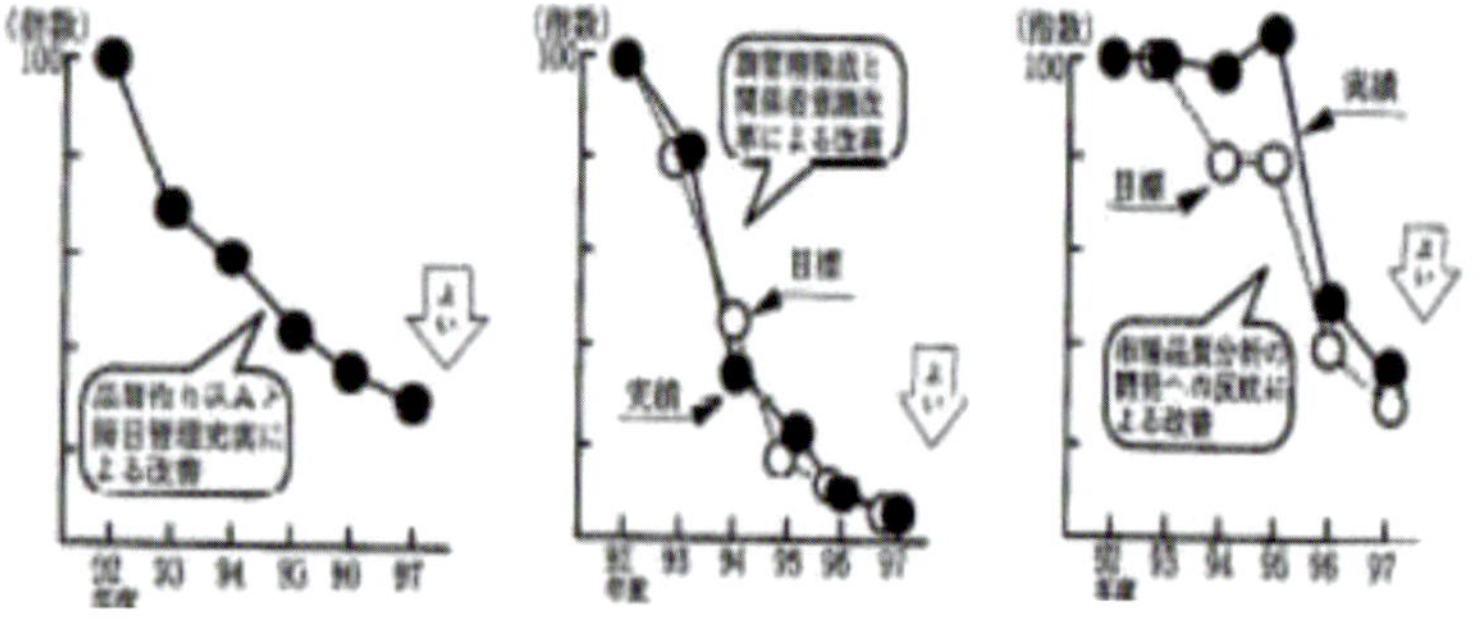

図－10　初期クレームの低減、製造内工程不良率の推移、顧客流出不良率の推移

と激減している。

▼環境保全──サンデンは93年に環境憲章を制定し、その理念のもとに特定フロン全廃などオゾン層破壊物質の削減、製品の軽量化や梱包材のリサイクル、省エネ、省資源型製品の開発を促進してきた。これと並行して、ISO14001の認証を取得し、世界標準レベルの環境マネジメントシステムを確立してきた。

これらをさらに推し進めるため、「STQM導入宣言」をして以降は、①仕組みづくりと教育・啓蒙活動に取り組み、環境理念。行動指針の浸透を図る、②オゾン層破壊物質を可能な限り削減し、地球環境保全に貢献する、③環境保全型製品の開発を広く展開し、顧客満足度を向上する、などを活動の重点に取り組んだ。

具体的には、①教育・啓蒙では、環境保護をテーマにした文化講演会の実施（94年）、社内報の環境保護特集の作成（95年）、内部環境監査員の育成および専任部門の新設による環境保全への取り組み強化（96年）、環境憲章の改訂（97年）。②オゾン層破壊物質の削減については、海外での代替フロン切り替え開始（94年）、国内代替フロン切り替え完了（95年）、非発泡化による自販機生産開始（95年）、フロン自社回収開始（96年）、有機溶剤のリサイクルシステム構築（96年）。③環境保全型製品の開発については、自販機梱包木材のリサイクル開始（94年）、店舗システム機器の軽量化活動開始（95年）、省エネ・リサイクル等の環境保全指向の製品開発促進、などである。

こうした取り組みによって、国内外のサンデングループ全体で環境保全のへの意識付けができたほか、活動分野が拡大し、環境監視システムへの取り組みが強化されるという成果が得られた。また、96年には米国環境保護庁からオゾン層保護貢献賞（EPA賞）を受賞している。

▼総合効果――1994年9月、個々のマネジメント品質および結果品質を徹底的に向上させ、毎日毎日の創造的改革努力を積み重ねる行動を全社員で進めるという

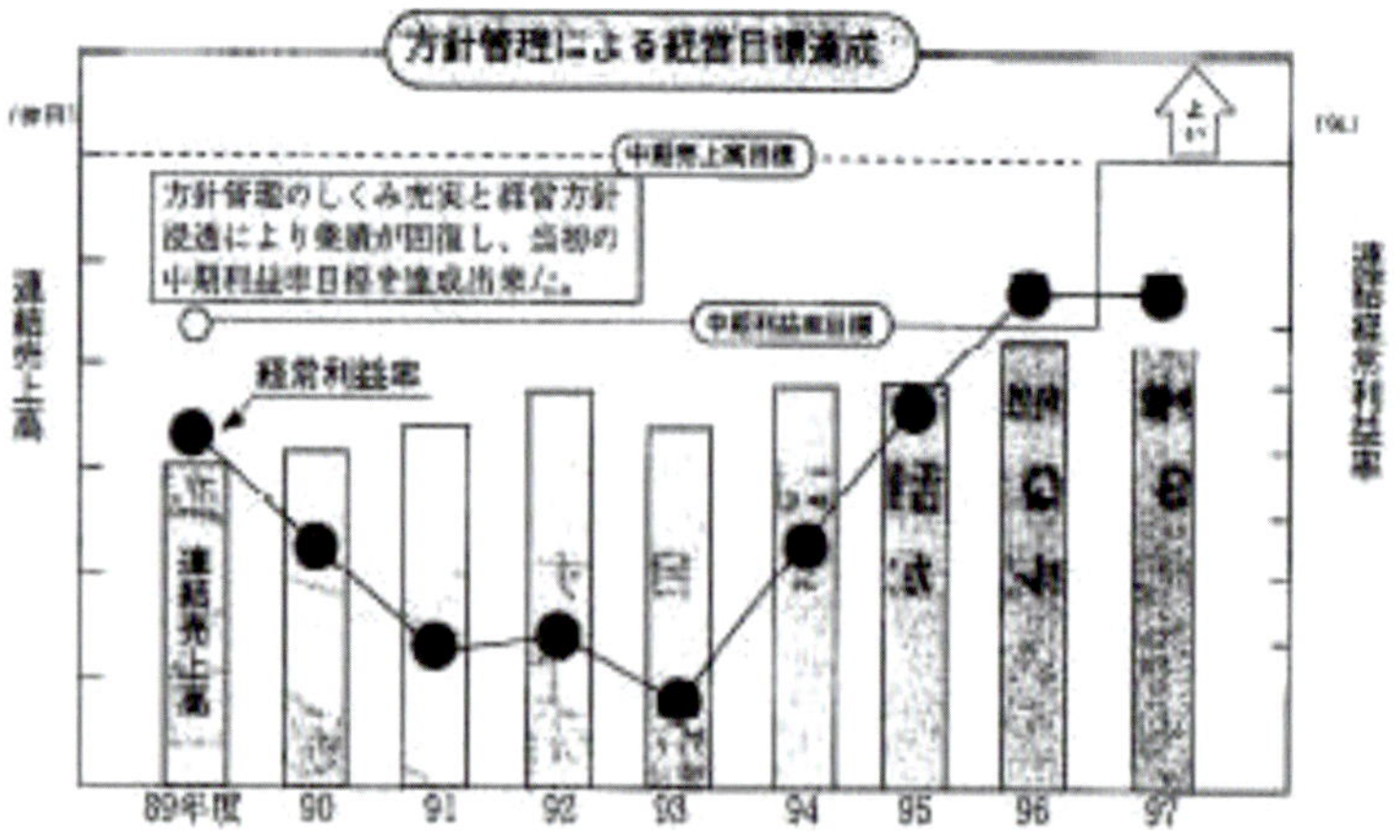

図－11　89年度から97年度までの連結売上高と経常利益率の推移

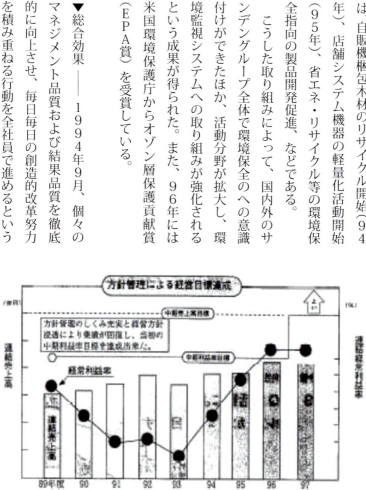

「ＳＴＱＭ導入宣言」が発表されてから、全部門で取り組まれた諸改革の成果は、有形・無形のめざましい効果をあげることができた。

図－１１は、その有形効果として、連結業績がいかに回復したかを示したものである。連結売上高だけでなく、経常利益率も９５年から上昇に転じていることは、方針管理の徹底による経営目標達成の重要さを示唆しているといえよう。

そればかりでなく、ＳＴＱＭ導入の効果として、①部門を超えた横断的経営革新活動が活発化した、②全員参加による計画の策定とプロセス管理による目標達成できるようになった、③「すべての基点はお客さまである」という顧客第一主義の経営姿勢が社員一人ひとりに意識化された、という無形効果も見逃せない。

これらは、牛久保雅美社長（当時）の強烈なリーダーシップのもと、「ＳＴＱＭ」によって全部門の社員のベクトルが一つになって、経営目標を達成しようと改革・改善活動をしたことの成果にほかならない。

デミング賞への挑戦宣言

ＳＴＱＭの展開で製造や開発部門だけでなく間接部門や営業部門もふくめた全部門で改革が進むにつれて、サンデン社内では「これならデミング賞にも挑戦できる」という声があがるようになった。デミング賞は、アメリカの統計学者ｗ・Ｅデミング博士（１９００〜９３）が第２次大戦後の１９５０年に来日して、日本の経営者や研究者に品質管理の意義と進め方について講義し、その組織的な展開に尽力したのを記念して、１９５１年に創設された賞である。賞の選定は品質管理の研究者・専門家・有識者からなるデミング賞選定委員会が行い、事務局は日科技連（財団法人日本科学技術連盟）が担当する。受賞の条件は、ＴＱＭを実践して次の３項目を実現している応募組織に授与される、とされている。

ａ　経営理念、業種、業態、規模および経営環境に応じて、明確な経営の意思のもとに、積極的な顧客志向の経営目標・戦略が策定されていること
ｂ　ａの経営目標・戦略の実現に向けてＴＱＭが適切に実施されていること
ｃ　ｂの結果として、ａの経営目標・戦略について効果をあげていること　※注１

この3条件を効果的に実施してデミング賞（実施賞）を受賞した企業をみると、1951年の賞創設以来、受賞した約150の企業はいずれも各業種の一流企業ばかりである。そんなデミング賞について、牛久保社長（当時）はどう考えていたのか。日科技連発行の月刊誌「品質管理」1999年1月号の記事のなかで、同社長はこう話している。

〈TQCを導入した当時は、デミング賞受賞などは夢のまた夢でした。とにかく「会社を良くしなくては」の一念だけでした。当時のサンデンでは、デミング賞を取れる会社にするには難しいと思っていたのです。なぜかというと、2000人、3000人という人数の規模で歴史も古い会社は、なかなか変えられないのではないかと考えたからでした。

デミング賞については、当時、設立したばかりの新しい会社に挑戦させてみようと考えました。その会社の規模は、140人から150人の会社でした。この会社なら新しい会社だし、規模も適当で、社員も若い。ところがなかなか動かない。そうこうするうちにサンデン本体の事務局側が地道に活動し、皆の見る目が変わってきた〉

ちょうどそんな頃、牛久保はQC指導会をお願いしている久米均教授に、デミング賞への挑戦を打診したところ、「………（もっとじっくり取り組んだほうが良い）」と、断念したことがあったという。

そこで新たにTPMを導入して工場の徹底改善に取り組み、1995年には、TPM優秀賞を受賞した。寿事業所をはじめとする工場に5Sが徹底し、見違えるようにきれいになったことはすでにふれたとおりだ。さらに、STQM導入宣言を発表して以降、会社の業績も売上、経常利益ともに回復してきた。

これならいけるかもしれないと、久米教授にもう一度、事業所の現場を見てもらった後に「デミング賞審査ならどうでしょう」と打診したところ、今度は否定されなかった。その後の経緯について、牛久保はこう述べている。

〈先生からダメだという話はなかったので、これは行けるぞと思いました。10年間もいろいろとご指導を受け、会社の業績は挽回してきたけれども、いろいろな形でわれわれの指導をしてくださった先生方にご恩をお返しできるのはデミング賞を取ることではないかということで、挑戦しようと思ったのです。どこの工場にやらせようかと考えましたが、よくよく考え、どうせ挑戦するならば全社で挑戦したほうがいいのではないかと。なぜかと言うと、ほかの部門は自主的にレベルアップしない。社内でそんな話をし、ならば一括でやろうと腹を決めました。また、あんまり無理をしたくないが、最後の踏ん張りをしないとレベルが上がらない。それで1年半、山登りで言えば胸突き八丁を登ろう。皆がその

気になってくれましたから挑戦したのです〉

　こうして1997年1月、牛久保は経営幹部会で、創立55周年の節目である1998年を期してデミング賞（実施賞）の受賞をめざす」と宣言し、そこにいたるSTQM活動を特別に「STEP－1」活動と命名し、社長直属の推進組織によって推進することを発表した。合わせてその推進委員長に営業部門担当役員の山田輝夫筆頭専務を任命した。

　山田の起用は、本人には前年の年末に事前に通知があったが、最初は何度も固辞したという。これについて山田は、広報誌「SANDEN　PLAZA」特別号1999年春#245の久米均教授、和田正雄顧問（当時）との座談会記事のなかで、こう述べている。

〈私にはTQM活動の全社の責任を引き受けるような推進委員長などはとても無理だと思いましたし、社内ではその道の権威にもなるわけでしょう。私のような客向きの人間が、全社を引っ張って行くのは、とても荷が重すぎると思って再三お断りしたんです。ところが社長は「君がやれ」の一点張りです。あげく、来年正月の経営幹部会で受賞宣言するから準備しろと。もう年末でしたから私も悩みましてね。正月も休んではいられない。とにかく、勉強しなくちゃならない。そこで和田さんにお願いしまして、ずいぶん本を送っていただきました。

ですから私にとってデミング賞というのは、私の会社人生のなかで、かなり精神的なエポックメーキングでした。いままで、科学的な手法や論理的手法などはあまり意識せず仕事をしてきましたしね。発想の大転換を余儀なくされたような数年でした〉

山田が率いる営業部門では、1997年から全部門でSPM活動に取り組み、その効果として、計画的な顧客訪問ができるようになり、営業活動のプロセス管理が可能となった。営業部門がそこまで頑張ったのも、山田がデミング賞に挑戦する「STEP－1」活動の推進委員長に就いたことと無関係ではない。営業部門の全員が、自分たちのボスに恥をかかせるわけにはいかない、と頑張ったのだ。牛久保社長は、そこを見抜いて山田を推進委員長に任命したのであろう。まさに人事の妙である。

頑張ったのは営業部門だけではない。デミング賞への挑戦宣言をした後、他部門でもこれまでのSTQM活動に磨きがかかり、会社全体が一丸となってデミング賞を目指した。

その手応えをもとに、1998年1月、牛久保は、次のような「STQMグローバル展開宣言」を発表し、海外の生産拠点もデミング賞に挑戦できるレベルの製品品質とマネジメント品質を確保してほしいという思いを明らかにした。

［STQMグローバル展開宣言］

わが社を取り巻く経営環境は、我々の予想を上回るスピードで変化しており、すでに大競争（メガコンペティション）時代に突入している。この歴史的大競争時代において、お客様は世界トップレベルの品質のみを求めており、それを満たさない企業は生き残ることができない。従って、サンデングループ各社で製造・販売する製品やサービスは、「世界トップレベルの品質」のモノでなければならず、これを満たさない製品はサンデンブランドを付けて販売する資格を有しない。

従って各海外拠点では常に従業員全員参加による全社レベルの品質改善活動を実施し、その「製品品質及び業務・マネジメント品質を継続的に向上」させることが、成長のための大前提条件である。我が社の現状は、日本（SDC）においては、98年度にD賞受賞を目指すレベルに達しているが、それに比べ海外フロントにおいては、フロント間格差はあるものの、その品質レベルは今一歩と認識している。

1998年1月13日

この宣言の発表によって、現地法人においても高いレベルのマネジメント品質をめざすという体質改善活動への気運が高まった。国内のグループ会社もふくめてＳＴＱＭの水平展開が本格的に指向されたのである。

１９９８年６月、サンデンはデミング賞委員会に審査を要請し、「品質管理実情説明書」を提出した。受審時に明らかにされるいわゆるヒカリものと呼ばれる独自の経営手法は、「営業生産性活動」とされた。デミング賞委員会による本審査は８月に行われ、１０月にデミング賞（実施賞）の受賞決定の通知が届いた。ＴＱＭ自己診断レベルでは４・０という評価だった。サンデン社内が沸き立ったことは言うまでもない。ＱＣ指導会を開始してから、すでに１０年を超える歳月が流れていた。

※注１　「デミング賞のしおり」より抜粋

第7章

STQMの水平展開とステップアップ

デミング賞は70点で合格。残り30点の上乗せはこれからだ！

デミング賞の受賞通知にサンデン社内は沸き立ち、やがて一つの大きな目標を達成したという達成感と同時に、ほっとしたという安堵感にも似た空気に包まれた。

そのなかで、ひとり冷静に今後を見据えていたのは、牛久保雅美社長（当時）だった。全社員が一丸となってマネジメント品質の改革に取り組んだことはよかった。この受賞で「サンデンも一流の会社と肩を並べた」と社員が自信を持ってくれたのではないか、とも思った。しかし、まだまだ課題はたくさん残されていると感じていたのも事実だ。当時の心境を、牛久保は前掲の「品質管理」1999年1月号で、こう述べている。

〈合格基準、ハードルは70点というお話を聞きまして、うちはまさに70点だ。それがいいことだと思うんです。というのは、デミング賞は最後の到達点ではないわけですから、まだあと30点、これからなんとしても上乗せしたい。海外はまだ組織的な形でデミング賞に挑戦するところまでいっていません。1998年の正月に、あと2年以内に各生産拠点も少なくともデミング賞レベルの仕事のやり方まで持っていくという宣言をしました。デミング賞はある面では、これから生き残るための最低条件だ、このくらいの仕事ができ

なければ、わが社みたいな小さな会社は生き残れない〉
牛久保が内心で危惧していたのは、受賞の決定で社内に安堵感が広がり、もっと先へ進もうとするチャレンジ精神が消えてしまうのではないか、ということだった。ここで危機が緩んでしまえば本当の改革・改善はできない。サンデン本体では、やり残したことをどうやりとげ、弱い部門をどう強化していくかという問題がある。国内子会社と海外現地法人については、これまでの本社のＳＴＱＭ活動の経験をどう水平展開していくか、課題は山積している、というのが牛久保の率直な思いだった。
そう思うことの背景には、デミング賞の審査に当たって、審査委員会から渡されたデミング審査意見書があった。そのなかには審査委員が「審査で注目された諸点」として指摘した１９項目にわたる事項があった。その内容の多くは、①「ＳＴＱＭの定義」および「ＳＴＱＭはビジョン達成への具体的行動であり、ＴＱＭは行動するための技術・道具である」という考えは適切であり、賛同する、②トップのリーダーシップのもと、首脳陣が一丸となってＳＴＱＭを推進したことにより赤字経営を脱却し、エクセレント・カンパニーを目指して事業のグローバル展開を目指している点が素晴らしい、などとＳＴＱＭ活動を高く評価している意見が多かった。しかし、なかには次のような辛口の指摘もあった。

［デミング賞審査意見書］（抜粋）

▼取引先や顧客からのニーズはますます多様化してきており、品質に対する要求は高度化してきている。市場の要求に応えるためには、さらにＴＱＭに磨きをかけ、ＴＱＭ活動をなおいっそう強力に推進させることが必要と思われる。

▼「冷やす、暖める」コア技術を大切にしながら、これまでになかった周辺技術と融合した形での新製品を、長期的視点に立って研究開発する時期に来ているように思われる。

▼現状の品質問題の取り上げ方は、工程内不良率、顧客流出不良率など、後ろ向きの品質に重点が置かれている。前向き品質を向上させ、社会に貢献しうる品質の提供について、今一度、意識の徹底と活動の充実を行うことが望まれる。

▼統計的手法や実験計画法は一部使用されているようになってきているが、まだその活用が十分であるとは言えない。

▼品質保証、技術開発、原価管理などのシステムの確立ないし充実に対し、役員としてどのような問題があり、その解決に対してどのような役割をはたしていかなければ行けないのか、よく考えられているとは思えない。機能別管理の強化を図っていただき

たい。

▼TQM導入の狙いは、現時点ではほぼ達成されたと考えられるが、将来の発展のためには中期計画における具体的な重点施策の検討が重要である。

意見書には、これらの指摘ほか各部門・組織ごとに問題点と改善策が書き込まれていた。例えばデミング賞受賞のヒカリものとされた「営業生産性活動」を展開した国内営業部門については、方針、組織、情報、標準化、人材育成と能力発揮、品質保証活動と6項目にわたる問題点の指摘があった。このうち品質保証活動の項では、SPM（サンデン営業力強化管理システム）の実行サイクルと新製品開発の仕組みの間をつなぐ「仕組み」が欠けていると指摘。その改善策としてSPMのコンタクトカードなどのさらなる活用のための仕組みづくりをすべきだと記している。

このほか、デミング賞の受賞決定当時、寿事業所の自販機開発部長だった鈴木北吉（のち品質本部長、常務取締役）は、デミング賞審査のTQM診断で左記の10項

鈴木 北吉氏
1975年に入社し、2000年から品質本部長、2003年から技術本部長、兼取締役を経て2012年に退社。

目が体質上の弱さとして指摘されたと、自身のメモに残している。

①要因解析が皮相的で、ＰＤＣＡが浅い。
②ＳＱＣの活用がない。
③量・納期管理の仕組みができていない。
④品質改善・製品品質が停滞している。
⑤システム改善は進んでいるが、システム間の相互連絡が弱い。
⑥目標展開が系統的担ってなく、その場的である（思いつきレベル）。
⑦情報としてのＩＴ活用が弱い（文書としてはまずまず）。
⑧ＴＱＭ教育が弱い（要因解析が弱い）。
⑨コアコンピタンスを認識していない。
⑩基本業務（固有業務）理解なくして、業務に取り組んでいる。

これらの問題点は、突きつめると「全体として解析力が不足しているため、ＴＱＭ活動が本質に迫らず、表層的解析にとどまっている」ところから発生している、というのが鈴木の見解だった。

「ＳＴＥＰ－２」活動の開始

デミング賞審査委員からの厳しい指摘を受け止めて、新たな改革・改善を図っていくには、1年や2年ではとうてい間に合わない。そこでこれまでの「ＳＴＥＰ－１」活動をさらにステップアップし、多様なツールを活用しながらＳＴＱＭを継続的に実践するなかで、２００2年までの4年間を区切りに「ＳＴＥＰ－２」活動を始めることが決まった。

その目指すところは、ＴＱＭ自己診断レベルをデミング賞受賞時の４・０から４・５に引き上げること。そしてサンデングループ全体に挑戦・改革文化を定着させることである。挑戦・改革文化とは、「サンデンの世界中のお客様は、すべて世界の一流企業である。従ってサンデン（社員）は、一流の会社（社員）でなければならない」という基本的な考え方のもとに、①顧客第一主義の文化、②グローバル企業としての文化、③環境・社会貢献への文化、という3つの文化により構成されると定義された。

新活動の区切りを２００２年としたのは、１９９８年に策定した中期計画の目標（経常利益１０％）達成の年が２００２年だったからで、新活動の行動の基本も「１９９８年作成の中期計画を２００２年に達成する」と設定し、これは結果として「日本品質管理賞（現在のデミング大賞）の受賞」に結びつくとされた。また、１９８８年に発表した「ＳＴＱ

S･TQMグローバル宣言　～指針～

S･TQM グローバル展開宣言

1998年1月13日
社長　牛久保雅美

我が社を取り巻く経営環境は、我々の予想を上回るスピードで変化しており、既に大競争時代（メガコンペティション）時代に突入している。

この歴史的大競争時代において、お客様は世界トップレベルの品質のみを求めており、それを満たさない企業は生き残ることができない。

従って、サンデングループ各社で製造･販売する製品やサービスは、**世界トップレベルの品質のものでなければならず、これを満たさない製品は、サンデンブランドを付けて販売する資格を有しない。**

従い、各海外拠点では常に従業員全員参加による全社レベルの品質改善活動を実施し、**その製品品質及び業務･マネジメント品質を継続的に向上させることが、成長の為の大前提条件である。**

我が社の現状は、日本（SDC）においては98年度にD賞受賞を目指すレベルに達しているが、それに比べ海外フロントにおいては、フロント間格差はあるものの、その品質レベルは今一歩と認識している。

Mグローバル展開宣言」をもとに、「２１世紀の初頭にグローバルに展開するサンデングループ各社がデミング賞実施賞レベルになる」ことを再確認した。

　前出の鈴木は、「ＳＴＥＰ－２」活動の事務局として活動を牽引する役割を担い、２０００年９月から品質本部長に就任。「ＳＴＥＰ－２」では、デミング賞受賞時のＴＱＭ診断で指摘された１０項目を念頭に、全社的視点で品質管理教育を見直すべく、解析力向上のための「サンデンベーシックコース」を企画立案した。具体的には、事実に基づき物事を科学的に考える能力を育むことを目指して、ＳＱＣ（統計的品質管理）を活用して問題解決能力を高めるための「ＱＡ道場」を開設している。

国内子会社のＳＴＱＭ活動

そうした社内の品質管理教育の見直しと同時に、「ＳＴＥＰ－２」でとくに重視したのが、国内子会社と海外現地法人へのＳＴＱＭの水平展開である。この試みは、すでに１９８０年代にＴＱＣを導入した頃から始まっていたが、必ずしもグループ企業全体に行き届いていたわけではなかった。

そこで外部コンサルタントの力も借りて、ＴＱＭ、ＴＰＭ、ＩＳＯなどの手法の指導を行った。その効果は、左記のように各種品質賞の受賞となって表れた。

［サンデン・グループ各社の受賞］

▼デミング賞実施賞

・２０００年─サンワテック株式会社（略称ＳＷＴ）
・２０００年─サンデン物流株式会社（略称ＳＬＣ）
・２００１年─サンデンシステムエンジニアリング株式会社（略称ＳＳＥ）
・２００６年─ＳＩＡ（サンデン・インターナショナル・アメリカ）
・２００６年─ＳＩＳ（サンデン・インターナショナル・シンガポール）

・２０１１年―ＳＶＬ（サンデン・ビーカス・インディア）
・２０１３年―サンデン株式会社　店舗システム事業

▼日本品質奨励賞
▽ＴＱＭ奨励賞
・２００１年―ミツワラテックス株式会社
・２００３年―株式会社三和
・２０１２年―サンワアルテック株式会社
▽品質革新賞
・２０１２年―サンデン株式会社　開発本部&エレクトリックＥｎｇセンター
・２０１３年―サンデン株式会社　生産管理・ＩＴ本部&経理本部
・２０１３年―サンデン株式会社　環境推進本部

これらの受賞企業のうち、国内子会社でサンデン本社に次いでデミング賞実施賞を受賞したＳＷＴ（サンワテック株式会社）は、カーエアコン用の電磁クラッチの開発・生産・販売をつくるメーカーである。１９９０年にサンデンから分離独立し、資本金は

１０００万円、従業員数は２６０人。ＳＴＱＭ活動は１９９６年から導入した。同社ではｍ＆ｍＱＭ活動と称し、小集団活動とＩＳＯ９００１の認証取得活動を中心に取りくんだ。ＩＳＯは１９９９年に認証を取得した。

そして、２０００年にデミング賞実施賞を受賞するが、受賞時のＴＱＭレベルは３・８

サンワテック株式会社（群馬県太田市）

サンデン物流株式会社（群馬県前橋市）

サンデンシステムエンジニアリング株式会社
（群馬県伊勢崎市）

と評価された。サンデンの受賞時の4・0よりも低く、この点を直視した同社は、受賞後に後追いでTPM活動を開始し、業務品質の向上を図った。その結果、2001年にはTPM優秀賞を受賞している。

SWTと同じ2000年にデミング賞実施賞を受賞したSLC（サンデン物流株式会社）は、1987年にサンデンの物流部門が独立して発足。資本金1000万円、従業員数60人。当初はサンデンの全国の営業拠点と顧客への商品供給を事業の柱としていたが、サンデングループのグローバル化にともない、海外から調達した原材料、部品と輸入商の受け入れ、補完、供給をなども扱うトータル物流の会社に発展した。

STQM活動ではISOの認証取得を先行させ、2000年4月にISO9001の認証を得た。さらに同年11月にデミング賞実施賞を受賞。両賞の受賞を目指して短期間に集中的な活動をしたことで、業務が整理できたという。ただし、TQMのレベル評価が3・5だったことを受け止めて、同賞受賞後、TPM活動を開始した。といっても、非製造業なので、現場の5Sを中心に編み直した活動内容とした。

2001年にデミング賞実施賞を授与されたSSE（サンデンシステムエンジニアリング株式会社）も、1987年にサンデンから分離独立し、資本金1000万円、従業員41名（サンデン電算システム部員の出向）でスタートした会社である。当初、仕事はサンデンからの委託事業だけだったが、翌年から自治体の電算業務を受託し公共事業分野での地歩を固め、民間企業への情報システム開発やシステムインテグレーション事業も手がけるようになった。

ＴＱＭの導入は１９９８年からで、翌９９年にＩＳＯ９００１の認証を取得。その2年後にデミング賞を受賞という流れになる。この間、業容の拡大とともに業績（結果品質）も伸び、２００１年には、創立の年に比べて資本金は3倍に、売上高は4倍に伸び、従業員数も１３５人に増えている。

その背景には、ＩＳＯへの取り組みによって、標準化が図られ、ものづくりの会社と同様の文化が培われたことがある。また、デミング賞に挑戦したことで、ソフトウエアの品質管理が確立し、従来見えなかった開発プロセスの進捗状況も把握できるようになったことも、業績（結果品質）を伸ばす基盤となった。

ただし、デミング賞受賞時のＴＱＭレベルは3・4と判定されており、ＳＴＱＭの導入から3年目にしてデミング賞に挑むという「スピード挑戦」の影に隠れた、基礎的な改善努力の必要性が明らかにされたかたちだ。

とはいえ、これら3社のデミング賞実施賞、そしてミツワラテックス、三和、サンワアルテックの日本品質奨励賞の受賞は、サンデンの「ＳＴＥＰ－2」活動の効果であると見ることもできる。その指導には、サンデンでQC指導会やTPMを指導した外部講師陣も協力した。また、サンデン側の推進事務局の目に見えない努力の積み重ねがあったことも見逃せない。指導の講師に同行して子会社を訪問し、TPM事務局として現場の人たちと交流する機会も多かった柳沢三千代（TPM事務局）は、こう述べている。

「子会社さんには、本社の人間に対して、積もり積もったものがありますよね。TPMも、本社にやれと言われているからやるという、やらされ感があるんです。それで私が行っても視線が冷たいのです。これは何かあるなと思いながらやっていましたけど、だんだん話ができるようになりました。

子会社さんもいろいろ大変なところがあるし、サンデンの動き方によって左右されるというのが一番困るわけです。購買の関係でも行ったり製造本部でも行ったり設計でも行ったり、いろんな人が子会社さん関連のところに行くわけですね。それでいろいろ注文をつけてくるわけです。部署も違えばいう内容も違ってきますから。最初のうちはどうしてうちまで巻き添えにすると。あとは部品の購買関係の苦情というのが一番多かったです。納期の関係で。そういうところから何をやっているんだと。本体はちゃんとやっているのかと。そういう話でものすごく言われました。

でも最後は人間関係がうまくいくのが一番なんです。私なんかも子会社さんへ行って最初のうちは受け入れてもらえないような、お昼を一緒に食べるにしても何にしても胸がつかえて、向こうのリーダーの方と話してもサンデンから来たのだからという顔で見ていましたね。でもだんだん長年やるようになって、例えば優秀賞に挑戦したりとか、ＴＰＭ賞も子会社さんには受賞するようなレベルじゃなくて、一つ下げたレベルのＳＴＰＭ賞というのをつくって挑戦してもらったりしました。

そういう中でこういうふうにしたほうがいい、ああいうふうにしたほうがいい、発表の仕方はこれなんか面白いと思うよとかこういうのを入れたらどうとか、そういう私なんかができる範囲内で私なりのＴＰＭ視点でアドバイスもして親しくなるというか、本社と子会社の溝をだんだん埋めていくような、そういうのはできたかなと思います。カラクリなんかもそうです。桐生の方へ行ったりとか、私個人でも見に行ったりとかだんだん近づくようになっていったから、みんなと話ができる、そういう関係になってきました。やはりお互いに信頼できる環境をつくることが大切ですね」

海外現地法人の挑戦

海外現地法人では、前述のとおり国内子会社より6年以上遅れて、2006年にSIA（サンデン・インターナショナル・アメリカ）とSIS（サンデン・インターナショナル・シンガポール）、がデミング賞実施賞をダブル受賞。2011年にはSVL（サンデン・ビーカス・インディア）も同賞を受賞した。

現地法人が本格的にSTQM活動への取り組みを開始したのは、1998年の「STQMグローバル展開宣言」以降のことだが、それ以前も日本から講師を派遣して、品質管理の導入研修は行ってきた。しかし、現場に改善活動が根づくにはいたらなかった。

そこで、アプローチを転換して、海外現地法人については世界の一流自動車会社と取引する上でも必要なISOなど国際品質規格の認証取得活動から進めることにした。この試みは抵抗感なく受け入れられ、93年にシンガポール（SIS）、94年にオーストラリア（SIO）、96年にはマレーシア（SYT・SIM）、97年にタイ（STC）、そして97年にベンドーイタリア（VDI）がISO9002を取得した。米国SIAは、米国自動車メーカーのビッグ3の共通規格であるQS9000およびISO9001を96年に取得した。この活動のなかで業務の標準化が進んだと評価されている。

そこからさらに一歩進めるために、1998年から開始したのが「G・STEP－1」活動である。国内では同時にスタートした「STEP－2」活動があるので紛らわしいが、もっぱら海外拠点、とくに生産拠点を持つ現地法人を対象にした活動である。なかでも重視したのが、TPM活動の導入だった。

しかし、その展開は必ずしも思うようにはいかなかった。そこで、どんな工夫をして活動を定着させていったのか。当時、本社の経営品質本部長を務めていた藤井暢純は、月刊「クオリティ　マネジメント」（2010年4号）に寄せた論文「サンデンにおける『工程管理による品質保証』－STQMのグローバル展開－」のなかで、グローバル展開の難しさについて述べているが、以下はその抜粋である。

〈最初は日本から指導者を送り込んで教育しても、キックオフしても、現場はなかなか進まなかった。日本人が現地で教育指導をしても、日本人指導者が帰国すると活動が止まってしまう。そこには「言葉の壁と文化の壁」が立ちはだかった。現場には、まず言葉の壁がある。現地のスタッフで自らリーダーシップを取れる人材がなかなか生まれない。TPMによる小集団活動の進め方、設備保全のステップ展開の進め方、PM分析のやり方など現場実務で一度経験しないとなかなか先頭に立って進められる人材にはならないのである。従って、現地スタッフに対し、日本でのリーダー教育と現場実習のカリキュ

藤井 暢純氏
1976年に入社し、2002年から品質本部長、STQM本部長、エレクトリックEngセンター長を歴任後、サンデンホールディングス㈱にて品質担当執行役員を歴任。

ラムを導入し、次に、現場のリーダーには日本にある同じ工程でのＴＰＭ活動について工場見学を何度も開催した。一方現地では、現地人のＴＰＭ指導者を招き、現場スタッフに同じ言葉で指導する等の仕掛けを継続した。

また、現地マネージャーはＴＰＭ活動に対し、個別改善、事例発表研究会、小集団発表会、ＴＰＭ新聞等できるだけ多くのイベントを仕掛け、トップ自らＴＰＭ活動を牽引することが重要である。成功している現地法人には「運動会や誕生会パーティ」等までＴＰＭ活動の一環としてコミュニケーションを図って労をねぎらっているところもある。すなわちＴＰＭ活動を成功させるには、自国の文化の中で、仕事の習慣としてとりいれられるくらいまでの徹底したコミュニケーションが必要であり、徐々に文化の壁が取り除かれていくのである。

ＴＰＭ活動を進める上で、現地スタッフに必要なスキルとしてＩＥやＱＣの基本技術の習得が不可欠である。当社の海外現地スタッフにはＩＥやＱＣによる実践改善の経験はほとんどなく、それらの実践的教育もＴＰＭ活動の自立化ために並行して進めてきた〉

この記述にもあるように、一口に「ＳＴＱＭのグローバル化」と言っても、実は言葉の壁と文化の壁を乗り越えるために、とてつもないエネルギーの要る仕事だということである。試行錯誤の末、現地のリーダーとなる人材も育ってＴＰＭ活動も継続的に行われるようになり、そのことが基盤となって小集団活動も活発になり、ＴＱＭレベルが向上するという好循環をたどるようになった。この体験から、ＳＴＱＭの海外展開は、ＩＳＯ（ＱＳ／ＴＳ）→ＴＰＭ→ＴＱＭという段階を踏むことが定式化した。２００６年にＳＩＡとＳＩＳが、２０１１年にはＳＶＬがデミング賞実施賞を受賞したのは、その積み重ねによりＴＱＭレベルが向上していった効果といえる。

受賞した現地法人３社のうち米国テキサス州に本社を置くＳＩＡ（アメリカ）は、１９７４年、サンデンが初めて海外に設立した現地法人である。ダラス近郊は、当時、後付けカーエアコン市場の中心地だった。やがて、カーエアコン市場が後付けからライン生産に移っていく時代変化に対応して、ＳＩＡも１９８０年にダラスに本格的な生産工場を建設。さらに１９８９年にダラス近郊のワイリーに新工場を建設して、カーエアコン用コンプレッサーの現地生産を拡大した。さらに１９８４年にはメキシコにクラッチを生産する合弁会社を設立、２０００年にはブラジルに駐在員事務所を設立している。

ＴＰＭ活動は２０００年７月に導入したが、慣れないこともあって途中で活動が停滞した。そこで管理者によるパイロット活動をやって見せて、翌年全社活動を再スタートさせた。自主保全活動が段階的に発展し、２００３年にはＴＰＭ優秀賞を受賞している。

この基盤のうえに、２００１年に全社スタートしたＴＱＭ活動も活性化した。当初は集団的活動に慣れないアメリカの風土・文化との融和のため、社内分社化による権限と責任の明確化を図るいっぽう、方針管理の活用による業務機能の連携と価値化を図り、マネジメント品質の向上を目指した。また、幹部クラスに現地人を登用するなど現地化にも目を配った。その結果、小集団活動が定着し、約５０のチームがコストダウンとプロセス改善を推進。２００６年のデミング賞受賞に至るのである。

ＳＩＳ（シンガポール）は、１９７４年に支店として設立され、１９７７年に現地法人化された。それ以降、インドネシア、オーストラリア、インドなどに子会社・合弁会社を設立するなど東南・南西アジア地域の市場を開拓する前線基地としての役割を果たしてきた。ＳＩＡと同じように、当初はアフターマーケットが中心だったが、８０年代後半からＯＥＭ市場の伸びが著しく、その変化に対応する人材育成が求められた。

ＳＴＱＭの活動は人材開発に重点を置き、地道な努力を続けてきたが、９３年にＩＳＯ９０００の認証を取得。１９９１年からはＴＰＭを導入し、１９９５年にＴＰＭ優秀賞、２０００年にＴＰＭ特別賞、２００３年にＴＰＭワールドクラス賞を受賞。小集団活動にも取り組んで、２００５年にはサンデングループの現地法人として初めて「ＳＴＱＭ世界大会」（第2回大会）の開催を引き受けている。そうした地道な努力が評価されて、２００６年にＳＩＡとともにデミング賞実施賞を受賞するのである。

ＳＶＬ（インド）の受賞は、ＳＩＡ、ＳＩＳよりもさらに5年遅れて２０１１年である。同社は、サンデンとインドのＶｉｋａｓ　Ｇｒｏｕｐとの合弁会社で、設立は１９８２年。

Sanden International(U.S.A)Inc.

Sanden International(Singapore)Pte.Ltd.

Sanden Vikas(Indoa) Ltd.

インドで初めてのカーエアコン製造会社である。インドでは自動車の自由化は１９９３年で、それ以来、海外の大手自動車メーカーがどっとインド市場に参入し、厳しい競争が始まった。このグローバルな競争に勝ち抜くには、車の拡大だけでなく、顧客志向の経営と人材の育成を徹底しなければならないとして、ＴＱＭを本格的に導入し、推進した。

同社のＴＱＭの特徴は、①経営トップの明確な中期計画のもとでのＴＱＭの強力な推進、②コミュニケーションを重視した全社一丸のＴＱＭ活動、③製造現場の作業改善とトレーニングに充実という三つの柱があることだ。とくに③の製造現場の作業改善では、ポカヨケ、動作研究、レイアウトの変更、治具の工夫などの改善活動が活発に行われ、これらを基礎とする標準化が進められた。

この一連の活動を継続的に実施した結果、昨日部品を除く部品現地化率８０％を実現したほか、顧客満足度が向上し、顧客ラインと工程内の不良は５０％低減、コストの低減６倍、在庫は１５％低減など顕著な成果を得ることができたという。

デミング賞実施賞を受賞したＳＩＡ、ＳＩＳ、ＳＶＬの三社は、いずれもサンデン本社の品質担当者がかなりの頻度で張り付いて指導したほか、サンデンのＱＣ指導会やＴＰＭの指導をしている講師の協力も依頼している。その一人、ＳＩＡとＳＶＬの指導に協力した久米均東京大学大名誉教授は、次のように話している。

「私はＳＩＡを約５年間年指導していましたが、デミング賞を受審することにはあまり賛成していませんでした。デミング賞に挑戦するということは、会社を良くするためにマネージャーを育てるわけです。

ところが、アメリカはデミング賞を獲ると、マネージャーが俺がやったと宣伝するので、よその会社が引き抜きに来る。デミング賞の前だと思いますが、私が指導していた５年間で、ずっと在籍したマネージャーは１人しかいませんでした。みんな辞めてしまうのです。そんな文化ですから、デミング賞を獲ったらもっと辞める人間が出ると思ったのです。それでは良くない。それならコストダウンと利益を追求するパターンでいくべきで、マネジメントのレベルを上げるという日本的経営は向いていないと私は思いました。マネージャーの教育やレベルアップといっても、そのマネージャーがいなくなってしまうのだから仕方がない。

しかし、とにかく利益を出さなければいけないということでみんなが頑張るということであればいいのではないか、と思い直したのです。嫌がるのを無理にやらせるのは嫌ですが、あとはどうなるとしても、みんながやるというなら私も一生懸命指導しましょう、と。ＳＩＡの人たちはよく頑張りました。現場はきれいになりました。ＴＰＭの影響もあったのだろうと思います。不良も減ったのではないでしょうか。それなりの成果が出たと思います。

インドのほうは教育なのです。ＴＱＭのことをよく知らないでやりたいという品質部署の男がいましたが、やるからにはきちんと教育しないといけない。ということで、（経営者の）プラビーンの甥にナビーンという男性がいまして、彼が勉強することになりました。

当時、マヒンドラ&マヒンドラというインドの会社が品質研究所（Mahindra Institute of Quality）という学校をつくっていまして、私がチーフインストラクターとして日科技連のベーシックコースや部課長コースを一応頭に置いて、インド流に味付けしたカリキュラムをつくりました。そこは施設も立派な建物で、そのナビーンは泊まりがけで勉強に行きました。

それから変わりました。なるほど、というのが分かったようです。よその会社の人と交流すると、みんな刺激を受けるのです。俺たちがぼやぼやしているときに、よそはもっとやっているというのが分かってくるものですから。そこへ行って、泊まりがけで3日くらいでしたか、一生懸命勉強してくれました。そのようなコアになる人と推進委員会の組織をつくれと伝えました。ただＴＱＭと叫んでいてもだめだということで、そのように言ったらやってくれました。それからは体系的に進み始めました。それは良かったと思います。ＳＶＬは、日本から経営責任者として赴任した大倉さんの存在も大きかったです。彼がいて、今のような教育があって、それがうまくマッチして進み出したのです」

育ち始めた次世代の若手リーダー

久米教授のコメントからも推察できるが、ＳＴＱＭをグローバル展開していくには、その大前提として、異なる言葉や文化を理解し、乗り越えていくエネルギーを持つ人材の育成が必要になる。サンデンがＳＩＡ、ＳＩＳ、ＳＶＬをデミング賞に挑戦できるレベルにするために指導者を派遣したり、現地スタッフを日本に呼んで教育したりとすることにかけた労力とコストとは膨大なものになったはずである。

いまや世界２３ヵ国５０を超える海外拠点をもち、連結売上に占める海外比率も７０％近くになっているサンデンにとって、この労力とコストは、グローバル展開の対価として基本的には避けられないものかもしれない。

しかし、その効率化が課題であることも確かである。それにはやはり現地の従業員の中から若手リーダーを育成し、彼らが中心となって改善・改革運動を進めるようにしていくことが王道である。そのグローバルな教育力をサンデンが持つことができるかどうかが、重要なポイントになるはずだ。

１９９８年、サンデンがデミング賞実施賞の受賞の次のステップとして取り組んだ「ＳＴＥＰ－２」活動は、２００２年、日本品質管理賞の受賞という成果を生んだ。また、国内子会社のSWT、SLC、SSE3社のデミング賞実施賞の受賞を導いた。そして同時に開始した現地法人対象の「G・STEP－1」活動は、少し時間はかかったがSIA、SIS、SVLのデミング賞実施賞受賞に結びついた。そこに至るまでのマネジメント品質の改革・改善活動を、サンデングループの総帥として一貫して主導した牛久保雅美会長（当時）に対して、デミング賞審査委員会は、2007年11月にデミング本賞を授与した。TQMの研究・普及に関して優れた業績のあった者に贈られる最高の栄誉である。デミング賞その記念講演で、牛久保は次のように語っている。

「今回のデミング賞本賞受賞にあたり、いっそうその重みを感ずるとともに、この20年間私どもにご指導くだされた久米均先生をはじめ、多くの先生方、またSTQMグローバル展開に協力してきたサンデン社員およびOBも含めたみなさまに心より感謝の意を表するしだいです。私どもサンデングループはSTQMの思想のもと、あくなき挑戦を進め、社会貢献できる企業体へと邁進していきたいと思います。当社を支えていただいたお客様、株主、投資家、地域社会、取引先のみなさまに心から感謝しつつ」

牛久保がデミング賞本賞を受賞した年の9月、世界経済はリーマンショックの嵐が吹きすさんでいた。その影響で欧米の経済が減速し、世界同時不況が始まった。90年代後半からヨーロッパ市場の伸びに支えられてきたサンデンへの影響も甚大だった。まさに経営は生き物であり、これで盤石というゴールは容易に見えない。

経営の外部環境は、なかなか企業の思いどおりには展開しない。しかし、内部環境は努力次第で整えることができる。外部の嵐に耐える体力と体質をつくることは可能なのだ。サンデンにおけるＳＴＱＭ活動は、まさにそのための手段であり、「グローバル・エクセレント・カンパニーズ」という大目標に向かって日々を歩む活動でもある。

この目標には短期間では到達できないかもしれない。その場合は、次世代の若者たちに、その夢を託していくしかない。荒れ野に蒔いた一粒の麦が、やがて芽を吹くときは必ず来る。その予兆は、２０１４年１１月に上海で開催された「第８回ＳＴＱＭ世界大会」でも垣間見ることができた。世界各地の現地法人及び日本から選抜された小集団活動の代表チームが、それぞれの職場で取り組んだ改革・改善テーマと活動内容について発表する場だ。年齢層は２０代の若者が圧倒的に多い。明るく伸びやかに発表する若者たちの目は輝いていた。それは、サンデングループの未来を見つめるまなざしに重なっている。（了）

あとがきにかえて

サンデン株式会社元専務取締役　和田　正雄

一ヶ月ほど前、かつて品質管理部門で共に働いた藤井暢純くんから、「いまＳＴＱＭの歩みについてまとめる本の編纂を担当している。ついては、掉尾を和田さんの言葉で飾りたいので、話が聞きたいしたい」という電話がありました。これは大変なことになったと思いました。というのも、私はすでに８０歳を悠に越えており、現役時代の細かな事柄や経緯については、もう忘れてしまったことがかなり多いからです。正直、困惑しました。

それでも、かつては私の片腕としてＳＴＱＭの推進に取り組んでくれた藤井くんからの依頼です。断り切れずお会いしました。それだけでなく、私自身のなかに、「忘れようとしても忘れられない記憶がある。それだけは後輩のために伝えておきたい」という思いが生まれたのも事実です。そのとき藤井さんにお話しした話のポイントは、次のとおりです。

1．『品質べからず集』（池澤達夫著）の呪縛からの救世主

まず、サンデンのTQM＝STQM活動は「経営者としてMIKEさん（牛久保元会長）がいなかったら生まれなかったこと」を、どうしても伝えておかなければならないと思ったことです。

当時、デミング賞選考委員であった早稲田大学の池澤達夫先生の著書『品質管理べからず集』には、その第一条に「経営トップが品質経営をやると言わない企業には品質経営を導入してはならない」とあります。まさにその通りだと実感していたところに、MIKEさんが経営陣の一角に登場したのです。

MIKEさんに「サンデンの品質をなんとかしたい」と思いの丈を熱意をこめて訴えたところ、日科技連主催の経営セミナーに行くことを受けて戴きました。

この出会いとMIKEさんの決意によって、私の人生も大きく変わりました。それまでのサンデンの歴代の経営者、さらに経営幹部のトップ層は、「QCD」のQ（品質）のことは良くわかっていましたが、決して「品質」を経営の優先課題として指し示すことはありませんでした。つまり、歴代の経営幹部たちは品質の重要性を理解していても、QCDのQを最重要とした場合、C（コスト）やD（納品・流通）に大変なことが起きることを

予測し、尻込みしてきたのだと思います。

当時は、作れば売れる時代でした。そんな時代背景のもとで、品質優先で進めていけばたちまち「部品不良、ラインストップ、出荷停止、不良品在庫等」が山のように発生し、その結果、大きなビジネスチャンスを失うという心配が先に立った時代でした。

それでもなお将来を見据えて、品質優先を推し進める覚悟と努力を背負おうとした経営幹部はいなかったのです。

ＭＩＫＥさんはこの難しい課題を解決するために、敢えてＱ優先でＣＤが犠牲になるかもしれないことに対して、敢然と立ち向かう努力と決意することを意思決定したサンデンで初めての経営者だったと思います。

ＱとＣＤの二律背反の大変さを先輩たちは良くわかっていて、「自部門は大丈夫！できているから」と逃げてきたのが、前のサンデンの過去の歴史でした。

この考え方、やり方を一掃する品質経営の推進は、当時のサンデンにとっては革命ともいえる「経営思想の転換」でした。

ＭＩＫＥさんは、自分で決めて始めた以上、自ら毎日毎日汗をかいて、現場へ出て過去の体質を変える辛抱強い努力が必要ということを覚悟し、承知してスタートしたのだと後になって、よくわかりました。実際に国内工場、国内・海外の拠点とすべての現場へ毎週毎週トップ診断で現場に出向き、その中で年間100日を20年間以上継続して海外に出向き三現主義を貫いたのです。それは現場の話を聞き、一生懸命に改善・改革する現場の若い人たちを叱咤激励する毎日でもありました。その結果、次第に現場の人たちの目つきが変わってきました。そして全てが輝いてきたのです。

ＭＩＫＥさんこそは、本当に努力と知恵、さらに「強靭な体力と精神力」を併せ持ち、ＳＴＱＭ活動コンセプトを「企画し、構造化し、誰でも分かり易くするために抽象化し、ベクトルを合わせ、強烈な刺激を与える」経営者であり、企画力・創造力・牽引力（デミング賞受賞の意見書のコメントでは「類い稀なリーダーシップ」と書かれている）に卓越した経営者だったことをどうしても付け加えておかなくてはなりません。

経営トップとして率先垂範してやってきたＭＩＫＥさんの活動こそが、のちに品質経営の原点として集約される「ＳＴＱＭの定義」の根源にあると思うのです。

ＳＴＱＭとは、社員一人ひとり、全員が行う活動の目指す姿として『個々のマネジメント品質及び、結果品質を徹底的に向上させて、21世紀に繁栄する会社を創り上げるため、毎日、毎日の創造改革努力を積み重ねる行動である』——この定義が、サンデンの経営理念体系の見直しや、方針管理体系の完成を導いたことは忘れてはならないと思います。

2．品質経営推進の基本条件が備わったこと

MIKEさんの登場により、「社長のやる気」すなわち「トップダウン（＝トップのリーダーシップ）」という大きな要素が備わったことに加えて、STQMが推進された背景には、もう一つ大きな要素がありました。それが「全員参加」です。「社長のやる気」と「全員参加」、この2つは品質経営の両輪であり、基本条件をなすものです。

しかし現場を活性化させることは、私どものTQM活動では非常に難しく、不得手としてきたことでした。

TQMの指導者は、スタッフの改善・

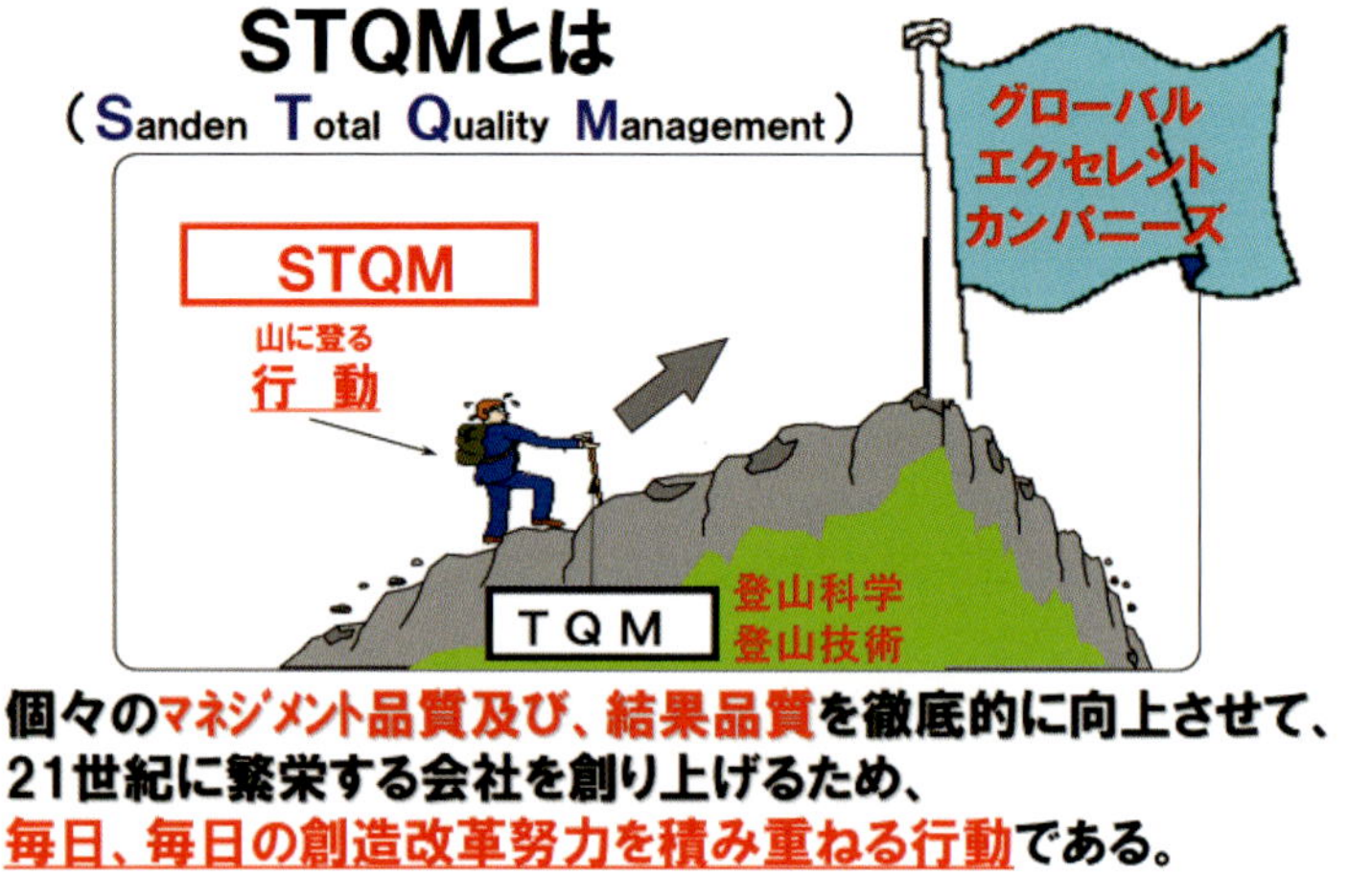

図－1　STQMの定義

改革には効果を発揮しますが、現場にはあまり出向きません。サンデンの現場は明らかに普通ではなかったので、何とかならないかと歯がゆい思いでいたところ、ＴＰＭという現場にフィットした新しい手法に出会えました。その指導者が、ＭＩＫＥさんの大学時代の同期生だった秋月景雄先生（当時早稲田大学教授）であったことも幸運でした。

品質経営を推進するには３つの条件が必要といわれます。

第１に「経営トップのヤル気」。

第２に、現場からのボトムアップ。すなわちＴＰＭにより現場の人たちの活動に光を当て、活性化することです。

第３に、ＴＱＭ。いわゆるトップダウンです。別の言い方をすれば「方針管理とＰＤＣＡ」です。

ＴＱＭでは、デミング賞の総本山である日科技連、特に故三田征史専務理事から多大なお力添えをいただいたことも大きかったと思います。東大教授の久米均先生を紹介していただいたのをはじめ、その後も多くのご支援を賜ったことは忘れてはならないと思います。

私たちは、よく「鬼に金棒」といいますが、当時の鬼はマイクさんの「強いリーターシップ」、金棒は「ＴＰＭとＴＱＭ」でした。

この活動を弛まず行うと、人間力と技術力が備わり、判断力も備わるというマイクさんのマネジメント哲学にも符合します。

ただし、現在の金棒は社会環境、経済環境の変化によって新しい金棒が必要になっているかもしれません。またＭＩＫＥさん以降、次世代を担う鬼が育っていないのも現実ですが、ＳＴＱＭ活動を継続することにより、全体の底上げとともに必ず新しい鬼が生まれるものと信じています。

最後に、この本は第一世代のＳＴＱＭ活動で、過去の慣習や考え方を変えるために葛藤し、大変な努力により現場と指導講師と推進者たちの生の声と事実をまとめたものです。

サンデングループ全社員がグローバルに生き抜くためのＳＴＱＭ活動の手引書として参考になればと思います。

（２０１４・１０・１６：和田正雄／インタビュー記録：藤井暢純）

STQM挑戦改革活動の歴史

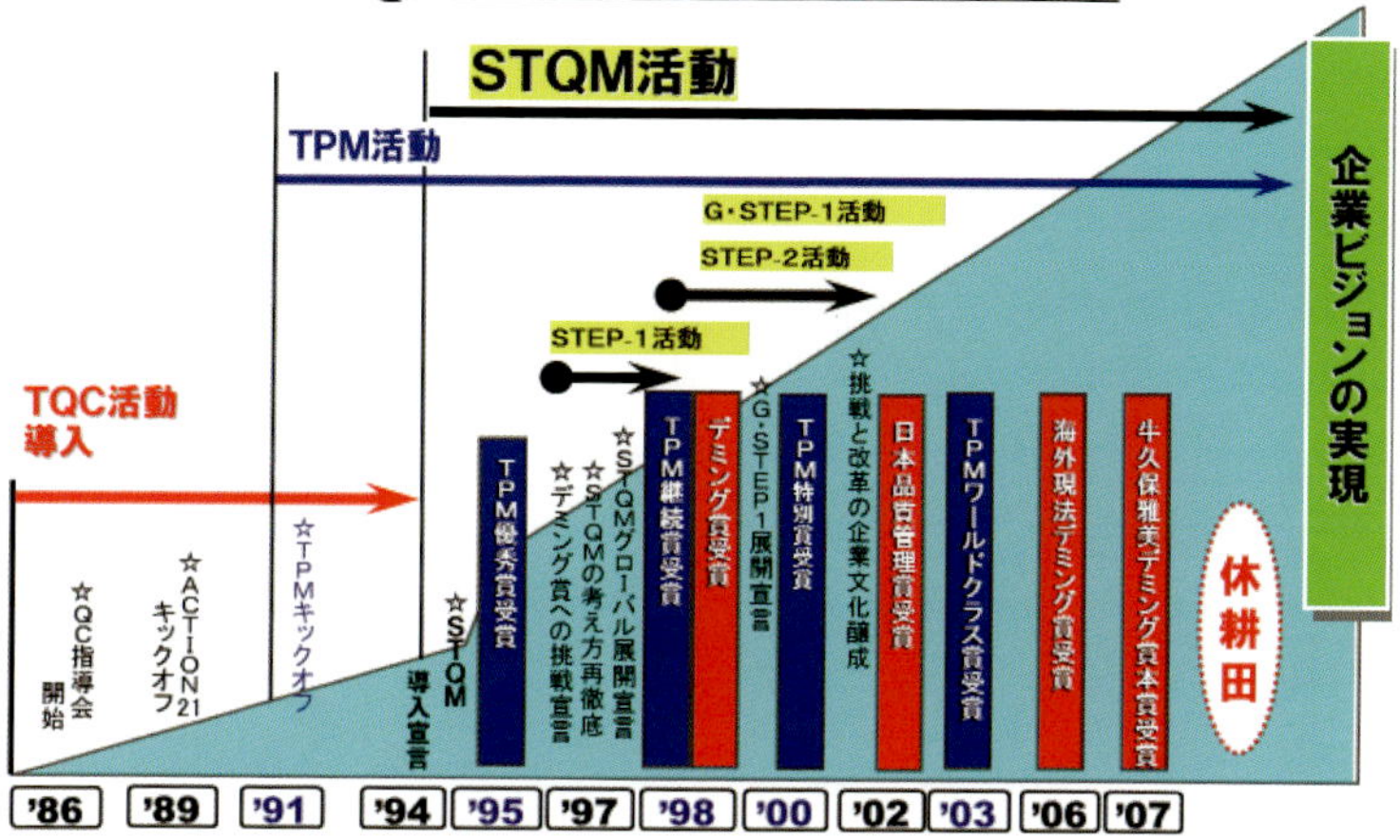

終わりに

サンデンは今年創立から75年を迎えました。しかしながら世界の経済や産業の変化は大きく、今振り返ってみますと今から約5、6年前の2013〜2014年頃からのサンデンはそれ以前のサンデンと大きく変わってきています。

簡単に言えば単体でのサンデンで総合力で経営してきた体制と、2017年に設立したサンデンホールディングス株式会社の体制が全く変わってきたことです。

振り返ってみると創立からの創業者経営の時代の35年間（1943〜1978年）と、グローバル展開の時代の35年間（1978〜2013年）の70年間はすでにサンデンの歴史となっているわけです。即ち現時点でサンデンを歴史的にみると、次のような三つに区分できると思います。

［1］第一期　創業者経営で事業基盤を築いた時代（1943−1978年）
　　　　　三共電器株式会社

［2］第二期　カーエアコン事業を軸に世界展開した時代（1978−2013年）

サンデン株式会社

［3］第三期　時代に即した経営体制での出発（2015〜）

サンデンホールディングス株式会社

そこで私は、第二期のサンデンが日本経済の発展と共に素晴らしい発展をした、当時のサンデンのすべてのステークホルダー、即ち社員及びその家族、群馬を中心とした日本の人たち、さらに世界中のサンデンに関係した人たちに感謝しつつ、この歴史が若い世代の人たちの何かの一助になればと思い、出版を企図したしだいです。出版を快く引き受けてくださった上毛新聞社に心より感謝申し上げます。

2019年10月30日

サンデン株式会社元会長　牛久保　雅美

サンデンSTQM挑戦物語

構成・執筆　山口　哲男
製作協力　サンデン編集会議
前田　弥生
サンデン歴史館
監　　修　牛久保雅美
印刷・発行　上毛新聞社
〒371－8666
群馬県前橋市古市町1－50－21
電話　027－254－9966
発　行　日　2019年11月20日

ISBN978-4-86352-247-3